三明市观赏植物图鉴

魏茂胜　黄清平 ■ 主编

中国林业出版社

图书在版编目（CIP）数据

三明市观赏植物图鉴 / 魏茂胜, 黄清平主编.
-- 北京 : 中国林业出版社, 2017.1
ISBN 978-7-5038-8902-8

Ⅰ. ①三… Ⅱ. ①魏… ②黄… Ⅲ. ①观赏植物－三明－图集
Ⅳ. ①Q948.525.73-64

中国版本图书馆CIP数据核字(2016)第326092号

责任编辑：洪　蓉　　电话：(010)－83143564

出　　版　中国林业出版社
　　　　　（100009 北京西城区德内大街刘海胡同 7 号）
发　　行　中国林业出版社
电　　话　(010) 83223120
印　　刷　北京中科印刷有限公司
版　　次　2017 年 3 月第 1 版
印　　次　2017 年 3 月第 1 次
成品尺寸　185mm × 210mm
印　　张　24
字　　数　1200 千字
定　　价　198.00 元

三明市观赏植物图鉴

编委会

顾　问　陈世品（福建农林大学）

主　编　魏茂胜　黄清平（三明学院）

副主编　朱祎珍　陈新艳　林静媛

编　委　黄自安　王颖光　黄新娟　黄大莲

陈　建　邱丽玲　俞廖江　吴永军

沈琼桃（福建三明林业学校）

谢德云（沙县园林管理处）

郑登域（三明市公路局）

肖建烘（三明市三元区林业局）

林玉华（三明学院）

石佰丽（三明学院）

刘新炜（三明学院）

前言 Preface

观赏植物是城市园林绿化的重要元素，随着城市园林绿化的不断发展和生物多样性要求的不断提高，城市园林绿化对园林植物种类需求更趋于多元化。通过引进优良的观赏植物，增加园林材料，丰富园林景观；同时驯化乡土植物中观赏价值高的野生植物，应用于园林景观，从而构建具有地方特色的优良城市绿化生态系统。

植物是园林景观四大要素之一，在园林景观中占有重要的地位，园林绿化能否达到实用、经济、美观的效果，在很大程度上取决于园林植物的选择和配置。园林植物作为营造园林景观的主要材料，具有独特的姿态、色彩、风韵之美。园林植物形态各异，随着季节的变化表现出不同的季相特征。根据其生态习性合理安排巧妙搭配，营造出独具特色的植物景观。在园林景观创造中还可借助植物进行意境创作抒发情怀。因此了解园林植物形态特征、生态习性及园林应用对城市园林景观建设具有重要意义。

为提高三明市城市园林绿化水平，推广乡土树种在园林绿化上的应用，建设节约型园林，促进三明市园林绿化的可持续发展，编者结合自身多年的园林绿化工作实际，筛选出符合三明气候条件，富有当地景观特色的园林观赏植物品种，结集成册。本图鉴共收录观赏植物779种，园林绿化中已应用的植物598种，推荐植物181种。本图鉴对植物的形态特征、习性分布、园林应用和其它用途作了详细的介绍，图文并茂，具有一定的知识性、科学性和实用性，对园林工作者具有一定的参考价值。

本图鉴编写过程中得到了福建农林大学陈世品教授、三明市医学科学研究所宋纬文主任中药师、中国科学院植物研究所陈彬老师、三明林业学校沈琼桃老师、福建农林大学雷金勇、陈永滨、林国锋、林文俊、马良、叶宝鉴、李明河硕士（博士）研究生的鼎立相助。同时感谢福建省茂林珍稀花木有限公司陈光辉、三明电视台武松建、三明市林业局王金盾、三明市林业局池长武、梅列区检察院邢宝兴、三元区林业局肖建烘、将乐县林业局陈新鹏、尤溪县国有林场蔡德淡、永安天宝岩自然保护区黎茂彪和赖志华为本图鉴提供图片。

本图鉴参考《中国植物志》《福建植物志》《中国园林绿化树种区域规划》《福建花木生产技术》等多本专业书籍，植物拉丁名主要参考《中国植物志》英文修订版与中国数字植物标本馆（http://www.cvh.ac.cn）。三明市园林绿化中已应用的植物在书后的中文索引中做了特殊标记和说明。由于时间仓促，加上编者水平有限，疏漏及错误之处在所难免，敬请各位专家和读者指正。

编 者

2016年4月

晴翠三明　诗意栖居

目录 Contents

■ 灌木类

■ 草本类

■ 藤本类

■ 竹类

■ 棕榈类

乔木类

异叶南洋杉

南洋杉科南洋杉属

学名：*Araucaria heterophylla* (Salisb.) Franco

别名：南美杉、诺和克南洋杉、澳洲杉

形态特征：常绿乔木，高可达30米；树冠尖塔形；树皮横裂成块状或条片状脱落；大枝通常轮生，平展或稍向上斜伸；侧生小枝密而下垂。叶二型：幼树和侧枝的叶排列疏散，开展，钻形、镰刀形；大树及结果枝上的叶排列紧密而叠盖，卵形或三角状钻形。雄球花单生于枝顶，圆柱形。球果椭圆状卵形。

习性及分布：喜光，稍耐寒；喜疏松、肥沃的土壤。原产于澳大利亚（诺福克岛）。

1

2

3

4

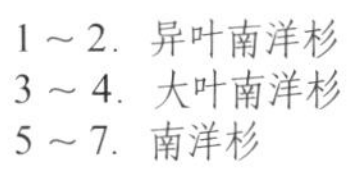
1～2. 异叶南洋杉
3～4. 大叶南洋杉
5～7. 南洋杉

园林应用：树形优美，是常见的观赏树种。宜作园景树、行道树、背景树；盆栽可作门庭、室内装饰。

知识拓展：同属植物南洋杉 *Araucaria cunninghamii* Aiton ex D. Don、大叶南洋杉 *Araucaria bidwillii* Hooker. 习性与用途同异叶南洋杉。

银 杏

银杏科银杏属

学名：*Ginkgo biloba* Linn.

别名：公孙树、白果树

形态特征：落叶大乔木，高可达30米；枝有长短枝。叶在长枝上成螺旋状散生，在短枝上簇生；叶片扇形。果实椭圆形至圆球形，成熟时淡黄色或橙黄色；外种皮肉质，被白粉；中种皮骨质，白色，有2～3棱。花期3月。果期8～9月。

习性及分布：喜光，喜湿润的气候；喜排水良好的土壤。全国各地常见栽培。

园林应用：用作庭园树、行道树。

知识拓展：银杏为中生代孑遗的稀有树种，系我国特产。银杏为速生珍贵用材树种，结构细，质轻软，富弹性，不易开裂，易加工，为优良木材，供建筑、家具、雕刻、绘图板等用。种仁供食用，有微毒，不可多吃；种仁、叶可入药。

江南油杉

松科油杉属

学名：*Keteleeria fortunei* var. *cyclolepis* (Flous) Silba

别名：白岩杉、广西油杉

形态特征：常绿乔木；树皮灰褐色，粗糙。叶在侧枝上排成二列，线形，顶端圆钝或微凹，下面沿中脉两侧各有 1 条气孔带。球果直立，圆柱形，长 7 ~ 10 厘米，顶端或上部渐狭；种子有阔翅。果熟期 9 ~ 10 月。

习性及分布：喜光，喜温暖、湿润的气候，耐旱，耐瘠薄；喜酸性红壤或黄壤。主要分布于福建、广东、广西、云南、贵州、浙江。

园林应用：树姿雄伟，枝叶繁茂，球果硕大，具有很高的观赏价值。适宜作园景树、行道树；也是优良的山地造林树种。

知识拓展：江南油杉是中国特有树种。木材坚实，纹理直，有光泽，耐水湿，是优良的用材树种。

金钱松

松科金钱松属

学名：*Pseudolarix amabilis* (Nelson) Rehd.

别名：落叶松、金叶松

形态特征：落叶乔木，高 20 ~ 25 米，树干通直；枝有长枝和短枝。叶在长枝上螺旋状散生，在短枝上簇生，线形，扁平，镰刀状或直，柔软。球花单性，雌雄同株；雄球花数朵簇生于短枝顶端，圆柱状，下垂；雌球花单生于短枝顶端，椭圆形。花期 4 月。果期 10 月。

习性及分布：喜光，喜凉爽、湿润的气候；喜土层深厚、肥沃的土壤。分布于福建、四川、湖南、湖北、浙江、安徽、江苏等地。

园林应用：树姿优美，树干笔直，入秋叶变为金黄色，极为美丽。用作行道树、园景树。

知识拓展：木材纹理通直，硬度适中，可作建筑、家具、器具等用材；树皮、根皮药用；种子可榨油。

雪 松

松科雪松属

学名：*Cedrus deodara* (Roxb.) G. Don

别名：喜马拉雅山雪松、塔松

形态特征：常绿乔木；树冠塔形至伞形；大枝不规则轮生，平展，小枝稍下垂。叶在长枝上螺旋状着生，在短枝上呈簇生状，针形，坚硬。球花单性，雌雄同株。球果成熟时红褐色，直立，卵圆形至椭圆状卵圆形。

习性及分布：喜凉爽的气候；喜土层深厚、排水良好的酸性土壤。原产于阿富汗至印度。

园林应用：树姿优美。用作庭园树、风景树、行道树。

知识拓展：边材白色，心材褐色，纹理通直，材质坚实，可作建筑、桥梁、船、家具、器具等用材；种子可榨油，供工业用；对大气中的氟化氢及二氧化硫较敏感，可作为大气监测植物。

马尾松

松科松属

学名：*Pinus massoniana* Lamb.

别名：青松、山松

形态特征：乔木，高 20 ~ 25 米，胸径可达 1 米；树皮裂成不规则鳞片状或条状厚块片脱落。针叶 2 针一束，细长而柔软，长 12 ~ 20 厘米。雄球花密集成穗状。球果下垂，卵圆形或圆锥状卵形，种子长卵圆形，长 4 ~ 7 毫米，种翅长约 13 ~ 16 毫米。花期 3 月上旬～ 4 月上旬。果熟期翌年 9 ~ 10 月。

习性及分布：深根性树种，喜光，不耐荫，喜温暖、湿润的气候，能生长于瘠薄、干旱的土壤，不耐盐碱。分布于淮河流域和陕西汉水流域以南、长江中下游各地。

园林应用：树姿高大雄伟，姿态古奇。适宜山涧、谷中、岩际、池畔、道旁配置和山地造林，也适合在庭前、亭旁、假山之间孤植。

知识拓展：为各地荒山造林很重要的树种。木材淡黄褐色，心材与边材无明显区别，纹理直，结构粗，有弹性，富含树脂，耐腐力弱，供枕木、建筑、矿柱、家具及造纸原料等用。树干可割取松脂，提取松香和松节油。根部树脂含量丰富。树干及根部可供培养茯苓、蕈类，作中药及食用。

日本五针松

松科松属

学名：*Pinus parviflora* Sieb. et Zucc.

别名：大阪松、日本黑松

形态特征：乔木，在原产地高可达25米；幼树树皮淡灰色，平滑，老时作不规则的鳞状块片脱落。针叶5针一束；叶鞘早落。球果卵形或卵状椭圆形，鳞盾近斜方形，顶端圆。

习性及分布：耐荫；喜土层深厚、排水良好的土壤。原产于日本。

园林应用：姿态苍劲秀丽，松叶葱郁纤秀。孤植配奇峰怪石；应用于公园、庭园、宾馆作园景树；列植园路两侧作园路树。

台湾杉

杉科台湾杉属

学名：*Taiwania cryptomerioides* Hayata

别名：秃杉、台湾松

形态特征：乔木，树冠广圆形；枝平展。大树之叶钻形，腹背隆起，背脊和先端向内弯曲；幼树及萌生枝上之叶的两侧扁，四棱钻形，微向内侧弯曲。雄球花2～5个簇生枝顶；雌球花球形，球果卵圆形或短圆柱形。球果10～11月成熟。

习性及分布：喜温暖、湿润的气候；喜疏松、肥沃的土壤。原产于台湾。

园林应用：用作园景树、庭园树。

知识拓展：台湾杉为我国特有树种，是台湾的主要造林树种。心材紫红褐色，边材深黄褐色带红，纹理直，可供建筑、桥梁、电杆、舟车、家具、板材及造纸原料等用材。

柳杉

杉科柳杉属

学名：*Cryptomeria japonica* var. *sinensis* Miq.

别名：胖杉、小果柳杉

形态特征：常绿乔木，高达30米；树皮红褐色，纵裂成长条片脱落。叶锥形或钻形，略向内弯，两侧稍扁。球花单性，雌雄同株；雄球花单生小枝上部叶腋，长圆形；雌球花顶生于短枝上。球果近球形，直径1.5～2厘米。花期3～4月。果期9～10月。

习性及分布：喜温暖、湿润的环境；喜肥厚、排水良好的酸性土壤。分布于浙江、江西、福建等省。

园林应用：树姿秀丽，纤枝略垂。用作庭园树或行道树。

知识拓展：边材黄白色，心材淡红褐色，材质较轻软，纹理直，结构细，耐腐力强，可作建筑、电杆、桥梁、家具等用材；枝叶可提取芳香油；树皮药用。

落羽杉

杉科落羽杉属

学名：*Taxodium distichum* (L.) Rich.

别名：落羽松、美国水松

形态特征：落叶乔木，在原产地高达50米，树干基部通常膨大，常有屈膝状的呼吸根。叶在侧生小枝上排成二列，呈羽状，线形。球花单性，雌雄同株，雄球花着生于小枝顶端，卵圆形，排成总状花序或圆锥花序；雌球花单生于枝顶，近球形。球果圆球形或卵圆形。

习性及分布：耐寒，耐旱，耐瘠薄，耐水湿。原产于北美东南部。

园林应用：枝叶茂盛，秋季落叶较迟，冠形雄伟秀丽。是优良的庭园、道路绿化树种。

知识拓展：木材重，纹理直，硬度适中，耐腐力强，干缩性小，供建筑、枕木、电杆、家具等用。同属植物池杉 *Taxodium distichum* var. *imbricatum* (Nutt.) Croom 习性与用途同落羽杉。

1～3. 落羽杉
4～5. 池杉

水杉

杉科水杉属

学名：*Metasequoia glyptostroboides* Hu et Cheng

别名：活化石、梳子杉、水桫

形态特征：落叶乔木，高可达35米；树干基部常膨大；大枝斜展，小枝无毛，稍下垂，侧生小枝对生或近对生，斜垂，排成二列，呈羽状。叶交叉对生，排成二列，线形，扁平，柔软；冬季与侧生小枝一起脱落。球果下垂，近球形。花期2～3月。果期10～11月。

习性及分布：喜光，喜温暖、湿润的气候，不耐贫瘠和干旱。分布于四川、湖北、湖南。

园林应用：秋叶观赏树种。适于列植、丛植、片植，可用于堤岸、湖滨、池畔、庭院等绿化。

知识拓展：水杉为我国特有种。边材白色，心材褐红色，材质轻软，纹理直，可供房屋、建筑、板料、电杆及家具等用。

侧 柏

柏科侧柏属

学名：*Platycladus orientalis* (Linn.) Franco

别名：扁柏、柏、千头柏

形态特征：常绿乔木，高 8 ~ 15 米；树冠幼时塔形，老时呈卵形或广卵形；树皮幼时红褐色，老时淡灰褐色，纵裂成薄片状脱落；侧生小枝扁平，直展。鳞叶交叉对生；侧叶近船形或近斜三角状卵形；中叶菱形或斜方形。球果近卵圆形，近肉质。花期 3 ~ 4 月。果期 10 月。

习性及分布：喜光，耐旱，耐瘠薄，耐热；对土壤要求不严。分布全国各地。朝鲜也有。

园林应用：用作行道树、庭园树；小苗可做绿篱，或隔离带围墙点缀。

知识拓展：木材淡黄褐色，富有树脂，材质细密，纹理斜，耐腐力强，坚实耐用，可供建筑、器具、农具、家具等用；种子可榨油；种子、枝叶供药用。其变种千头柏 *Platycladus orientalis* ‘Sieboldii’ 习性与用途同侧柏。

1 ~ 2. 侧柏
3 ~ 4. 千头柏

台湾翠柏

柏科翠柏属

学名：*Calocedrus macrolepis* var. *formosana* (Florin) Cheng et L. K. Fu

别名：黄肉树、肖楠

形态特征：乔木，高约 5 ～ 10 米；树皮红褐色或灰褐色，幼时平滑，老时纵裂；有叶的小枝扁平，排成一平面，上面深绿色，被白粉。鳞叶交叉对生。球花单性，雌雄同株；雌雄球花分别生于不同的短枝顶端。球果狭长圆形，直径约 8 毫米。

习性及分布：喜光；喜肥沃、排水良好的土壤。分布于我国台湾省。

园林应用：可作庭园树、行道树。

知识拓展：边材淡黄褐色，心材黄褐色，纹理直，结构细，有香气，有光泽，可供建筑、桥梁及家具等用。

柏木

柏科柏木属

学名：*Cupressus funebris* Endl.

别名：柏树、垂丝柏、扫帚柏

形态特征：常绿乔木，高可达15米；枝斜展，小枝细长，下垂，生鳞叶的小枝扁平，排成一平面。幼苗或萌生枝上的叶针刺状，开展，3～4枚轮生。球花单性，雌雄同株，单生于枝顶。球果圆球形，直径8～12毫米。花期4～5月。果期翌年5～6月。

习性及分布：喜温暖、湿润的气候，耐旱，耐瘠薄，稍耐水湿。主要分布于台湾、广东、浙江、安徽、江苏。

园林应用：作行道树、庭园树。

知识拓展：边材淡褐黄色或淡黄色，心材黄褐色，纹理直，结构细，耐水湿，供建筑、造船、器具等用，是我国南方重要的用材林树种及水土保持树种；种子可榨油；球果、根和叶可入药；根干、枝叶又可提取挥发油。

红桧

学名：*Chamaecyparis formosensis* Matsum.

别名：薄皮松罗、松梧、台湾扁柏

柏科扁柏属

形态特征：乔木，地上径可达 6.5 米；树皮淡红褐色；生鳞叶的小枝扁平，排成一平面。鳞叶菱形，下面有白粉。球果矩圆形或矩圆状卵圆形；种鳞 5 ~ 6 对，顶部具少数沟纹；种子扁，倒卵圆形，红褐色，微有光泽，两侧具窄翅。

习性及分布：喜温暖、湿润的气候；喜灰棕壤或灰壤。原产于台湾。

园林应用：可作庭园树、风景树、行道树；或盆栽观赏。

知识拓展：台湾特有树种，是亚洲东部最大的树木。木材优良，为台湾的主要用材树种之一。阿里山有两株大树，其中一株树高 57 米，地上直径 6.5 米，材积 504 立方米，树龄约 2700 年。同属植物日本花柏 *Chamaecyparis pisifera* (Sieb. et Zucc.) Endl. 习性与用途同红桧。

1 ~ 2. 红桧
3 ~ 4. 日本花柏

福建柏

柏科福建柏属

学名：*Fokienia hodginsii* (Dunn) Henry et Thomas

别名：建柏、大叶扁柏、杜柴

形态特征：常绿乔木，高达 15 米；树皮红褐色，近平滑，作薄片状脱落；枝开展，生鳞叶的小枝扁平。鳞叶交叉对生，二型，下面叶有白色气孔带。球花单性，雌雄同株，单生于枝顶。球果圆球形，直径 1.7 ~ 2.5 厘米。花期 3 ~ 4 月。果熟期翌年 10 ~ 11 月。

习性及分布：喜温暖、湿润的环境；喜酸性的黄壤、红黄壤和紫色土壤。分布于广东、广西、云南、福建、四川、浙江。越南也有。

园林应用：树形优美，树干通直，是庭园绿化的优良树种。

知识拓展：边材红褐色，心材深褐色，纹理直，结构细，质轻软，有弹性，耐腐力强，可作建筑、桥梁、家具及器材等用材，是南方重要的用材树种。

圆柏

柏科刺柏属

学名：*Juniperus chinensis* L.

别名：桧、园柏、圆松

形态特征：常绿乔木，高达15米；树冠尖圆锥形。叶二型，幼树或萌发枝上的针刺形，3叶轮生。球花单性，雌雄异株，雄球花椭圆形。球果近圆球形，直径6～8毫米。花期2～3月。果熟期翌年10～11月。

习性及分布：喜光，喜温暖的气候，忌积水，耐寒，耐热；对土壤要求不严。分布于广东、浙江、安徽、江苏、甘肃、内蒙古。朝鲜、日本也有。

园林应用：干枝扭曲，姿态奇古。可独树成景，也可作绿篱。我国古来多配植于庙宇陵墓作墓道树或柏林。

知识拓展：边材淡黄褐色，心材淡红褐色，有香气，坚韧致密，纹理斜，耐腐力强，供建筑、家具、工艺品等用；种子可提取润滑油；树干、枝叶可提取挥发油；枝叶药用。同属植物龙柏 *Juniperus chinensis* 'Kaizuka'、香柏 *Juniperus pingii* var. *wilsonii* (Rehder) Silba 习性与用途同圆柏。

1～2. 圆柏
3～4. 龙柏
5. 香柏

竹柏

罗汉松科竹柏属

学名：*Nageia nagi* (Thunb.) O. Kuntze

别名：船家树、猪肝树、猪油木

形态特征：常绿乔木，高达 20 米；树皮裂成薄块状脱落。叶交叉对生，厚革质，卵形或椭圆形。雄球花单生于叶腋，排成具分枝的穗状花序；雌球花单生于叶腋。果圆球形，直径 12 ~ 15 毫米，成熟时假种皮紫黑色或暗紫色，被白粉。花期 3 ~ 4 月。果熟期 10 ~ 11 月。

习性及分布：喜温热、湿润的气候，耐荫；喜疏松、肥沃的酸性砂质土壤。分布于福建、广东、广西、四川。日本也有。

园林应用：树干笔直，树态优美，叶茂荫浓。应用于公园、庭园、小区等地。

知识拓展：边材淡黄白色，心材色较暗，纹理通直，结构细，材质较轻软，可供建筑、造船、农具、家具等用；种子榨油，供食用及工业用。

罗汉松

罗汉松科罗汉松属

学名：*Podocarpus macrophyllus* D. Don

别名：土杉、罗汉杉

形态特征：常绿乔木；树皮裂成鳞片状脱落。叶螺旋状着生，线状披针形。雄球花穗状，通常 3 ～ 5 穗簇生于叶腋；雌球花单生于叶腋。种子卵圆形，成熟时肉质假种皮紫红色或紫黑色，被白粉，着生于肥厚肉质的种托上，种托红色或紫红色。花期 2 ～ 4 月。果期 10 月。

习性及分布：喜温暖、湿润的气候，耐寒，耐荫；喜排水良好的砂质土壤。分布于长江以南各地区。日本也有。

园林应用：树形古雅，种子与种柄组合奇特。南方寺庙、宅院多有种植；可门前对植，公园孤植、列植。

知识拓展：材质细致均匀，耐水湿，干后少开裂，易加工，可供家具、器具及农具等用；种子、树皮入药。同属植物短叶罗汉松 *Podocarpus macrophyllus* var. *maki* Endl.、百日青 *Podocarpus neriifolius* D. Don 习性与用途同罗汉松。

1 ～ 3．罗汉松
4．短叶罗汉松
5 ～ 6．百日青

南方红豆杉

红豆杉科红豆杉属

学名：*Taxus wallichiana* var. *mairei* (Lemée et H. Lév.) L. K. Fu et Nan Li

别名：美丽红豆杉、血榧

形态特征：常绿乔木；树皮灰褐色或红褐色。叶螺旋状着生，基部扭转呈二列状，线形，通常呈弯镰刀状。球花单性，雌雄异株；雌球花具短柄，顶端生 1 个胚珠。种子倒卵圆形，顶部稍有 2 条纵脊，生于红色肉质的杯状假种皮中。

习性及分布：喜温暖、湿润的气候，耐荫；喜疏松、肥沃的土壤。分布于台湾、福建、云南、四川、湖南、浙江。

园林应用：枝叶浓郁，树形优美，种子成熟时果实满枝。适合在庭园一角孤植点缀，亦可在建筑背阴面的门庭或路口对植。

知识拓展：南方红豆杉为国家 I 级重点保护野生植物。边材淡黄褐色，心材橘红色，纹理直，结构细，耐水湿，可供建筑、家具、农具等用；种子可榨油，供制肥皂和润滑油。

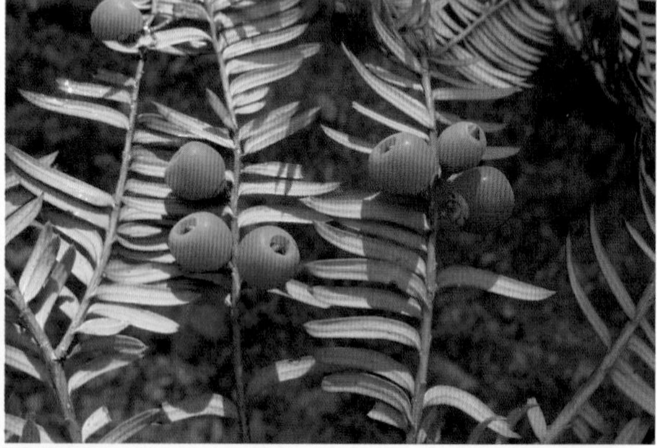

木麻黄

木麻黄科木麻黄属

学名：*Casuarina equisetifolia* J.R. Forst. & G. Forst.

别名：驳骨松、马尾树、猛松

形态特征：常绿乔木，高达 20 米。鳞片叶狭三角形，压扁。雄花序生于小枝顶端，棍棒状圆柱形，与雌花序并立。球果椭圆形，长约 2 厘米；小坚果连翅长 4 ~ 6 毫米，倒卵形，木质苞片广卵形，顶端钝尖，外面被短柔毛。花果期全年。

习性及分布：喜炎热的气候，耐旱，耐贫瘠，抗盐渍，耐潮湿，稍耐寒。原产于大洋洲东北部、北部及太平洋岛屿的近海沙滩和沙丘。

园林应用：树冠塔形，姿态优雅，沿海地区造林最佳树种。凡沙地和海滨地区均可栽植，其防风固沙作用良好；在城市及郊区亦可做行道树、防护林或绿篱。

知识拓展：木材红褐色，硬重，耐腐强，可作枕木；树皮富含单宁，作渔具染料或提取栲胶。

加 杨

杨柳科杨属

学名：*Populus* × *canadensis* Moench

别名：加拿大杨、意杨、意大利杨

形态特征：落叶大乔木；树冠长卵形。树皮灰褐色，浅裂。叶片三角形，基部心形，有 2 ～ 4 个腺点，叶长略大于宽，叶深绿色，质较厚。叶柄扁平。花期 4 月。果期 5 ～ 6 月。

习性及分布：喜温暖、湿润的环境；喜肥沃、深厚的砂质土。原产于意大利。

园林应用：树干耸立，枝条开展，叶大荫浓。宜作绿荫树、行道树和防风林。

知识拓展：同属植物红杨习性与用途同加杨。

1 ～ 2. 加杨
3. 红杨

垂 柳

杨柳科柳属

学名：*Salix babylonica* Linn.

别名：垂杨柳、垂枝柳、水柳

形态特征：落叶乔木，高达10米；树皮黑褐色或浅黑褐色，条裂；小枝细长，下垂，偶有幼时稍被短柔毛。叶狭长披针形或线状披针形。花序长1～3厘米。蒴果长3～4毫米,成熟时2瓣裂。花期3～4月。果期4～5月。

习性及分布：喜光，喜温暖、湿润的气候，较耐寒，耐水湿；喜深厚、潮湿的酸性及中性土壤。产于长江流域与黄河流域。

园林应用：枝条细长，生长迅速。宜配植在水边，如桥头、池畔、河流、湖泊等水系沿岸处。

知识拓展：木材红褐色，纹理直，轻软，可作家具、箱板用材；树皮可提取栲胶；茎皮纤维可造纸；枝、须根、叶、花、果可入药。

杨梅

杨梅科杨梅属

学名：*Myrica rubra* (Lour.) Siebold et Zucc.

别名：酸梅、珠红

形态特征：常绿乔木。单叶，互生，革质，倒卵状长圆形至倒卵状披针形。花雌雄异株，雄花序穗状，单生或几个簇生于叶腋；雌花序通常单生于叶腋，卵状或球形。核果球形，直径约2厘米，外果皮具多数密集的乳头状突起，肉质，多汁，成熟时深红色、紫色或白色。

习性及分布：喜温暖、湿润的环境；喜疏松、肥沃的土壤。分布于长江以南。朝鲜、日本也有。

园林应用：枝繁叶茂，树冠圆整，初夏红果累累，是园林绿化的优良树种。孤植、丛植于草坪、庭院，或列植于路边。

知识拓展：果实味酸甜，可鲜食、制蜜饯或酿酒；树皮含单宁，可作染料；根皮药用；种仁富含油脂。

枫 杨

胡桃科枫杨属

学名：*Pterocarya stenoptera* C. DC.

别名：枰柳、水麻柳、蜈蚣柳

形态特征：落叶乔木，高 15 ～ 20 米。叶互生，奇数羽状复叶，长达 40 厘米，叶轴具狭翅；小叶 11 ～ 25 片，长圆形或长圆状椭圆形。雄花序生于叶腋，雌花序生于枝顶。果序下垂，果实具 2 狭翅，翅向上斜展，长圆形至长圆状披针形，连同小坚果长约 2 厘米。花期 4 月。果期 9 月。

习性及分布：喜光，喜温暖、湿润的环境；喜深厚、肥沃、湿润的土壤。分布于全国各地（西北除外）。朝鲜也有。

园林应用：本种耐水湿，萌芽力强，生长迅速。可在溪旁、河边栽植作护岸树，也用作园景树。

知识拓展：木材白色，轻软，无气味，纹理均匀，不易翘裂，可制箱板、家具、农具、火柴杆等；树皮富含纤维，可制绳索；叶可作农药。

榔榆

榆科榆属

学名：*Ulmus parvifolia* Jacq.

别名：小叶榆、豺皮榆、榔树

形态特征：落叶乔木；树皮灰色，作不规则鳞片状脱落。叶纸质或革质，卵形、倒卵形、椭圆形或卵状披针形，基部稍偏斜，边缘有锯齿。花簇生于当年生幼枝叶腋；花被 4 片，长圆形。翅果椭圆状卵形，红色；种子位于翅果中部。花期 9 ~ 10 月。果期 10 ~ 12 月。

习性及分布：喜光，耐旱；喜肥沃、排水良好的中性土壤。分布于长江以南。日本、朝鲜也有。

园林应用：干略弯，树皮斑驳雅致，小枝婉垂，秋日叶色变红；是良好的观赏树及工厂绿化、四旁绿化树种。常孤植成景；萌芽力强，为制作盆景材料。

知识拓展：木材坚韧，可作家具、车辆、船橹等用材；树皮纤维可作人造棉及造纸原料；根、叶药用。

朴树

榆科朴属

学名：*Celtis sinensis* Pers.

别名：朴、朴榆、青朴

形态特征：落叶乔木。叶薄革质或革质，阔卵形至狭卵形，基部偏斜，边缘在基部或中部以上有浅钝齿。花杂性，雌花1～3朵生于幼枝上部，雄花生于下部；雄花花被4片。核果单生或2～3个腋生，近球形，直径4～5毫米。花期春季。果期夏季。

习性及分布：喜光，喜温暖、湿润的环境，耐水湿，耐瘠薄。分布于台湾、广东、湖南、浙江、福建、河南。老挝、越南也有。

园林应用：树冠圆满宽广，树荫浓郁。用作行道树；应用于公园、小区绿化。

知识拓展：木材轻而硬，可制家具；树皮纤维可作造纸和人造棉原料；种子油可作润滑油；根皮药用。同属植物西川朴 *Celtis vandervoetiana* C. K. Scheider 用途同朴树。

1～3. 朴树
4. 西川朴

构树

桑科构属

学名：*Broussonetia papyrifera* (Linn.) L' Hér. ex Vent.

别名：楮、大构树

形态特征：乔木，高可达 16 米；小枝粗壮，密生茸毛。叶膜质或纸质，阔卵形至长圆状卵形，常 2 ~ 5 深裂，尤以幼枝或小树的叶更明显。花雌雄异株；雄花序腋生；雌花序头状。聚花果球形，直径 1.5 ~ 3 厘米，肉质，成熟时红色。花期 4 ~ 7 月。果期 7 ~ 9 月。

习性及分布：喜光，耐旱，耐瘠薄；喜石灰质的酸性土或中性土。分布于广东、云南、四川、湖北、福建、江苏。印度、越南、朝鲜、日本也有。

园林应用：可作为荒滩、偏僻地带及污染严重的工厂的绿化树种；也可作行道树、园景树。

知识拓展：树皮纤维细长，是优质的造纸原料，也可制人造棉；果实可生食或酿酒；乳汁、果及根皮药用。

垂叶榕

桑科榕属

学名：*Ficus benjamina* Linn.

别名：垂榕、垂枝榕、柳叶榕

形态特征：乔木，树冠广阔；小枝下垂。叶薄革质，卵形至卵状椭圆形，先端短渐尖，全缘。榕果成对或单生叶腋，球形或扁球形，光滑，成熟时红色至黄色；雄花、瘿花、雌花同生于一榕果内。瘦果卵状。花期 8 ~ 11 月。

习性及分布：喜光，喜高温、多湿的气候，不耐旱，不耐寒；喜肥沃、排水良好的土壤。产于广东、海南、广西、云南、贵州。尼泊尔、印度、巴布亚新几内亚、所罗门群岛、澳大利亚等国有分布。

园林应用：用作园景树、行道树；也作盆栽观赏。

知识拓展：同属植物钝叶榕 *Ficus curtipes* Corner 习性与用途同垂叶榕。

1 ~ 3. 垂叶榕
4. 钝叶榕

高山榕

桑科榕属

学名：*Ficus altissima* Bl.

别名：大叶榕、大青树

形态特征：大乔木，高 25 ～ 30 米；树皮灰色，平滑；幼枝绿色。叶厚革质，广卵形至广卵状椭圆形，全缘，两面光滑。榕果成对腋生，椭圆状卵圆形，直径 17 ～ 28 毫米，成熟时红色或黄色。花期 3 ～ 4 月。果期 5 ～ 7 月。

习性及分布：喜高温、多湿的气候，耐旱，不耐寒。分布于海南、广西、云南、四川。尼泊尔、印度、缅甸、越南、泰国、马来西亚、菲律宾等国也有分布。

园林应用：树姿丰满，能抵强风，移栽容易。

1

2

可作行道树、园景树和庭荫树。

知识拓展：同属植物大果榕 *Ficus auriculata* Lour.、笔管榕 *Ficus subpisocarpa* Gagnep.、花叶高山榕 *Ficus altissima* 'Variegata' 习性与用途同高山榕。

1～3. 高山榕
4. 大果榕
5～6. 笔管榕
7. 花叶高山榕

印度榕

桑科榕属

学名：*Ficus elastica* Roxb. ex Hornem.

别名：印度橡皮树、橡皮树、印度胶树

形态特征：常绿大乔木，高可达30米；有丰富乳汁，无毛。叶大，厚革质，椭圆形至长圆形，全缘，有光泽；托叶大，披针形，淡紫红色。花序托无梗，成对腋生，卵状长圆形，成熟时黄色；雄花、虫瘿花和雌花生于同一花序托中。花果期3～11月。

习性及分布：喜光，喜温暖、湿润的气候，耐荫，不耐寒；喜肥沃的土壤。原产于印度、马来西亚。

园林应用：叶大光亮，四季常青，为常见的观叶植物。可露地栽培作风景树或行道树；也可盆栽观赏。

知识拓展：树干流出的白色乳汁，可制成硬性树胶，为橡胶原料之一。

黄葛树

学名：*Ficus virens* Aiton

别名：大叶榕、雀榕

桑科榕属

形态特征：高大落叶乔木；茎干粗壮，树形奇特。叶互生；托叶广卵形，急尖；叶片纸质，长椭圆形或近披针形，先端短渐尖，基部钝或圆形，全缘，基出脉 3 条，网脉稍明显。果生于叶腋，球形，黄色或紫红色。花期 5 ~ 8 月。果期 8 ~ 11 月。

习性及分布：喜光，喜高温、湿润的气候，耐旱，稍耐寒，耐瘠薄。分布于广东、海南、陕西、湖北、四川、云南。

园林应用：新叶展放后鲜红色的托叶纷纷落地，甚为美观。应用于公园湖畔、草坪、河岸边、风景区；也作行道树。

知识拓展：木材暗灰色，质轻软，纹理美，可作器具、农具等用材；茎皮纤维可编绳。

榕树

桑科榕属

学名：*Ficus microcarpa* Linnaeus f.

别名：细叶榕、大万年青、榕

形态特征：常绿大乔木，高可达25米，无毛；有气根。叶互生，革质，椭圆形、卵状椭圆形或倒卵形。花序托单生或成对腋生，或生于已落叶的叶腋，扁球形，成熟时黄色或淡红色；雄花、虫瘿花和雌花生于同一花序托中。花果期4～11月。

习性及分布：喜高温、多雨的环境，稍耐寒。分布于我国广东、广西、云南、贵州、四川。印度、缅甸、马来西亚也有。

园林应用：树冠阔大，伞状。可作荫蔽树、风景树、行道树；也可制作成盆景，装饰庭院、卧室。

知识拓展：树皮纤维可织麻袋，编鱼网、绳索；又可制人造棉；树皮含鞣料，可提制栲胶；气根、树皮和叶芽入药。同属植物雅榕 *Ficus concinna* (Miquel) Miquel 习性与用途同榕树。

1～3．榕树
4～5．雅榕

白桂木

桑科波罗蜜属

学名：*Artocarpus hypargyreus* Hance

别名：红桂木、将军树

形态特征：大乔木，高 10 ~ 25 米；树皮深紫色，片状剥落。叶互生，革质，椭圆形至倒卵形，幼树之叶常为羽状浅裂。花序单生叶腋。雄花序椭圆形至倒卵圆形。聚花果近球形，直径 3 ~ 4 厘米，浅黄色至橙黄色。花期春夏。

习性及分布：喜温暖、湿润的环境；喜深厚、肥沃的土壤。产广东及沿海岛屿、海南、福建、江西等地。

园林应用：树冠阔大，可作荫蔽树、风景树；也可制作成盆景，装饰庭院、卧室。

知识拓展：乳汁可以提取硬性胶，木材可作家具。

银桦

山龙眼科银桦属

学名：*Grevillea robusta* A. Cunn. ex R. Br.

别名：绢柏、丝树、银华树

形态特征：高大乔木。叶互生，二回羽状深裂，裂片 5 ~ 12 对，披针形。花两性，排成总状花序，单生或数个聚生于无叶的枝上；萼片 4 片，花瓣状，橙黄色，未开放时为弯曲的管状，开放后向外反卷。果卵状长圆形，压扁，多少偏斜。花期 4 月。果期 8 ~ 9 月。

习性及分布：喜光，喜温暖、湿润的气候，较耐旱，不耐寒；喜疏松、肥沃、排水良好的微酸性砂质土壤。原产于大洋洲。

园林应用：树冠耸直，花橙黄色，盛开时甚为美观。用作行道树、庭园树。

知识拓展：木材淡红有棕色条纹，结构细致，坚实耐久，富弹性，硬度适中，易于加工，可作为细工用料。同属植物红花银桦 *Grevillea banksii* R. Br. 习性同银桦，可用作庭园树、园景树。

1

2

3

1～4. 银桦
5～10. 红花银桦

小果山龙眼

山龙眼科山龙眼属

学名：*Helicia cochinchinensis* Lour.

别名：红叶树、越南山龙眼

形态特征：乔木，高4～15米；树皮灰褐色，粗糙。叶互生，纸质，长圆形、椭圆形或倒卵状椭圆形，中部以上具锯齿或近全缘。花序成腋生的总状花序，偶有顶生，长约10厘米。坚果椭圆状球形或长圆状球形，成熟后蓝黑色。

习性及分布：喜光，喜温暖、湿润的气候。较耐旱；对土壤要求不严。分布于长江以南。越南、日本也有。

园林应用：树形美观，四季常绿；可作园景树。

知识拓展：种子可榨油，供制肥皂及作润滑油；也可提取淀粉，但应去除氢氰酸，才可食用；亦为蜜源植物。

连香树

连香树科连香树属

学名：*Cercidiphyllum japonicum* Siebold & Zuccarini

别名：五君树、山白果

形态特征：落叶大乔木，高 10 ～ 20 米；短枝在长枝上对生。短枝上的叶近圆形、宽卵形或心形，长枝上的叶椭圆形或三角形。雄花常 4 朵丛生，近无梗；雌花 2 ～ 6 朵，丛生。蓇葖果 2 ～ 4 个，荚果状，长 10 ～ 18 毫米，宽 2 ～ 3 毫米，褐色或黑色，微弯曲。花期 4 月。果期 8 月。

习性及分布：喜温暖、湿润的气候，耐寒，耐湿；喜肥沃的土壤。产于山西、河南、陕西、甘肃、安徽、浙江、江西、湖北及四川。日本有分布。

园林应用：树形优美，叶片清秀，春叶紫色，夏季绿色，秋叶转黄或红色。是优美的园景树和秋色叶树。

知识拓展：树皮及叶均含单宁，可提制栲胶。

木莲

木兰科木莲属

学名：*Manglietia fordiana* Oliver

别名：绿楠、乳源木莲

形态特征：常绿乔木，高达 20 米。叶厚革质，长圆状披针形或长圆状倒披针形。花单生枝顶；花蕾卵圆形或近圆形；花被通常 9 片，白色，倒卵状椭圆形。聚合果密聚成卵圆形；蓇葖熟时木质，深红色。花期 4 ~ 5 月。果期 9 ~ 10 月。

习性及分布：喜光，喜温暖、湿润的气候；喜肥沃、排水良好的酸性土壤。产于福建、广东、广西、贵州、云南。

园林应用：用作园景树。

知识拓展：边材淡黄色，供作板料、家具等用材；树皮和果可入药。同科植物乐东拟单性木兰 *Parakmeria lotungensis* (Chun et C. Tsoong) Law 习性与用途同木莲。

1 ~ 5. 木莲
6. 乐东拟单性木兰

荷花木兰

木兰科木兰属

学名：*Magnolia grandiflora* L.

别名：洋玉兰、广玉兰

形态特征：常绿乔木，高可达 30 米；芽及嫩枝密被锈色茸毛。叶厚革质，椭圆形或倒卵状椭圆形。花大，花单朵顶生，直立，开放时荷花状，白色，芳香。聚合果圆柱形；蓇葖卵圆形；种子红色，椭圆形，略扁。花期 5 ~ 8 月。果期 9 ~ 10 月。

习性及分布：喜光，喜温暖、湿润的气候，耐寒；喜肥沃、排水良好微酸性或中性土壤。原产于北美洲。

园林应用：树姿优美，花大而洁白。作园景树、行道树。

知识拓展：花、叶可提取芳香油；叶可入药；木材黄白色，质坚重，可供制造家具用材。

紫玉兰

木兰科玉兰属

学名：*Yulania liliiflora* (Desr.) D. C. Fu

别名：木笔、辛夷

形态特征：落叶灌木或小乔木，高达 4 米，常丛生。叶倒卵形或椭圆状倒卵形，有时为椭圆形。花大，先于叶开放或与叶同时开放，钟状，有香气，直径 10 ～ 15 厘米；花被 9 片，外面紫色或紫红色，内面白色。聚合果长圆形。花期 3 月。果期 5 ～ 6 月。

习性及分布：喜光，不耐荫，较耐寒；喜肥沃、排水良好的土壤。原产于湖北、云南。

园林应用：应用于山坡、庭院、路边、建筑物旁。

知识拓展：花蕾、树皮入药；花可提制芳香浸膏。同属植物玉兰 *Yulania denudata* (Desr.) D. L. Fu、二乔玉兰 *Yulania* × *soulangeana* (Soul.-Bod.) D. L. Fu、红运玉兰习性与用途同紫玉兰。

1～2. 紫玉兰
3. 玉兰
4. 红运玉兰
5. 二乔玉兰

厚朴

木兰科厚朴属

学名：*Houpoea officinalis* (Rehder et E. H. Wilson) N. H. Xia et C. Y. Wu

别名：烈朴、温朴

形态特征：落叶乔木，高可达15米。叶常集生于枝端，薄革质，狭倒卵形或狭倒卵状椭圆形，先端短急尖或圆钝；托叶痕延至叶柄中部以下。花大，单朵顶生，白色，芳香，与叶同时开放；花被9～12片。聚合果圆柱状卵形，蓇葖木质，外种皮红色。花期4～5月。果期10月。

习性及分布：喜凉爽、湿润的环境；喜肥沃、排水良好的酸性砂壤土。分布于广东、福建、广西、湖南、江西、浙江、安徽。

园林应用：叶大荫浓，花大美丽。用作园景树。

知识拓展：树皮和花可入药；种子可榨油，供工业用。同属植物凹叶厚朴 *Houpoea officinalis* 'Biloba' 习性与用途同厚朴。

观光木

木兰科含笑属

学名：*Michelia odora* (Chun) Noot. et B. L. Chen

别名：观光木兰、香花木

形态特征：常绿乔木，高 15 ~ 20 米；嫩枝、芽、叶柄、叶下面及花梗均密被黄棕色或锈褐色茸毛。叶革质，稍厚，椭圆形或长圆状椭圆形至长圆状披针形。花单朵腋生；花被 9 片，淡紫红色。聚合果大型，垂悬于波状凸起皱纹的老枝上；蓇葖卵形或近圆形。花期 3 ~ 4 月。果期 9 ~ 10 月。

习性及分布：喜温暖、湿润的气候；喜深厚、肥沃的土壤。分布于福建、广东、广西、江西。

园林应用：花淡红紫色，美丽，芳香。用作园景树、庭园树。

知识拓展：观光木为国家Ⅱ级珍稀濒危保护植物。心材暗黑色，边材深灰色，纹理直，结构细，干后少开裂，易加工，供家具、建筑、细木工等用材。同属植物乐昌含笑 *Michelia chapensis* Dandy、醉香含笑 *Michelia macclurei* Dandy 习性与用途同观光木。

1～3. 观光木
4～6. 乐昌含笑
7～10. 醉香含笑

白兰

学名：*Michelia* × *alba* DC.
别名：白兰花、白木兰

木兰科含笑属

形态特征：常绿乔木，高可达20米。叶互生，薄革质，长圆形或披针状椭圆形，全缘，托叶痕仅达叶柄中部以下或几达中部。花单朵腋生，白色；极香；花被10片以上，披针形；雄蕊多数；心皮多数，通常都不结实，成熟时随花托的延伸形成稀疏的穗状聚合果；蓇葖革质。花期4～10月。

习性及分布：喜光，忌积水，稍耐寒；喜微酸性的土壤。原产于印度尼西亚。

园林应用：花洁白清香，夏秋间开放，花期长，叶色浓绿。为著名的行道树和庭园观赏树种。

知识拓展：花浓郁芳香，可提取浸膏、亦可入药；叶可提取香油。同科植物黄兰 *Michelia champaca* L. 习性与用途同白兰。

1～3. 白兰
4～5. 黄兰

福建含笑

木兰科含笑属

学名：*Michelia fujianensis* Q. F. Zheng

别名：木荚白兰花、牛皮柞

形态特征：常绿乔木，高可达15米；全株密被灰色或黄棕色茸毛。叶薄革质，长圆形或狭披针状椭圆形。花单生于叶腋；花蕾椭圆状卵形，密被黄棕色长茸毛。聚合果长约3厘米；蓇葖通常1～4个，阔倒卵形或近圆形。花期2～4月。果期8～10月。

习性及分布：喜温暖、湿润的气候；喜疏松、肥沃的土壤。产于永安、三明、沙县、建瓯等地。

园林应用：作庭园树、园景树、行道树。

知识拓展：同属植物金叶含笑 *Michelia foveolata* Merr. ex Dandy 习性与用途同福建含笑。

1～3. 福建含笑
4～5. 金叶含笑

深山含笑

木兰科含笑属

学名：*Michelia maudiae* Dunn

别名：大花含笑、莫夫人玉兰

形态特征：常绿乔木，高可达20米；幼枝和芽稍被白粉。叶互生，革质，长圆形或长圆状椭圆形，下面淡绿色，被白粉。花单生于叶腋，白色，大而美丽，有香气；花被9片。穗状聚合果长7～15厘米；蓇葖卵状长圆形。花期3～4月。果期9～10月。

习性及分布：喜光，喜温暖、湿润的环境，耐寒；喜疏松、肥沃的酸性砂质土。主要分布于广西、福建、湖南、贵州、浙江。

园林应用：为早春优良观花树种，是优良的园林和四旁绿化树种。

知识拓展：花供药用，也可提取芳香油。

鹅掌楸

木兰科鹅掌楸属

学名：*Liriodendron chinense* (Hemsl.) Sargent.

别名：**马褂木、鹅脚板**

形态特征：落叶大乔木，高达 20 ～ 25 米。叶片马褂状，中部每边常有 1 宽裂片，基部每边也常有 1 裂片，下面粉白色。花单生于枝顶，杯状；花被片外面淡绿色，内面近基部淡黄色或淡黄绿色。聚合果纺锤形；小坚果具翅。花期 4 ～ 5 月。果期 10 月。

习性及分布：喜光，喜温暖、湿润的气候，耐寒；喜肥沃、排水良好的酸性或微酸性土壤。主要分布于广西、湖南、云南、四川、浙江、安徽。

园林应用：树姿优美，叶形奇特，是珍贵的园景树和庭园树。

知识拓展：木材淡红褐色，纹理直，结构细，干燥后少开裂，供建筑、家具、细木工等用；树皮入药。

长叶暗罗

番荔枝科暗罗属

学名：*Polyalthia longifolia* (Sonn.) Thwaites

别名：印度塔树、垂枝暗罗

形态特征：常绿乔木，高可达 8 米；主干挺直，侧枝纤细下垂。叶互生，下垂，狭披针形，叶缘波状。聚伞花序下垂；花瓣 6 片，2 轮，每轮 3 片。果为浆果，圆球形。小花黄绿色。花期 2 ～ 4 月。果期 4 ～ 10 月。

习性及分布：喜光，喜高温、高湿的环境，不耐寒，耐热，耐干旱。原产热带、亚热带地区。

园林应用：枝叶甚密，树冠整洁美观，呈锥形或塔状，风格独特。用作园景树、庭园树、行道树。

知识拓展：垂枝暗罗树姿呈锥形或塔状，酷似佛教中的尖塔，在佛教盛行的地方被视为神圣的宗教植物，亦被称为“阿育王树”。

闽楠

樟科楠属

学名：*Phoebe bournei* (Hemsl.) Yang

别名：毛丝桢楠、楠木

形态特征：大乔木；树干通直。叶革质，披针形或倒披针形。圆锥花序较紧密，生于新枝中、下部，被毛；花被裂片卵形，长约 4 毫米，两面被短柔毛。果椭圆形或长圆形。花期 4 月。果期 10 ~ 11 月。

习性及分布：喜半荫，喜温暖、湿润的环境；喜富含有机质的中性土、微酸土壤或砂质土壤。分布于广东、广西、湖南、福建、湖北、贵州、江西、浙江。

园林应用：可用作园景树。

知识拓展：树干圆满通直，为珍贵用材树种；木材黄褐色，有香气，结构细，不变形，易加工，削面光滑美观，为建筑、家具、造船、雕刻、精密仪器木模等良材。

樟

樟科樟属

学名：*Cinnamomum camphora* (L.) J.Presl

别名：香樟、樟树

形态特征：常绿大乔木，高可达30米；枝、叶和木材有香气。叶互生，卵形或卵状椭圆形，离基三出脉，侧脉和支脉脉腋在上面有明显的泡状隆起，在下面有明显的腺窝，窝内常被柔毛。圆锥花序腋生；花绿白色或带黄色。果近球形，熟时紫黑色。花期4～5月。果期9～10月。

习性及分布：喜光，喜温暖、湿润的气候，稍耐荫，耐寒；对土壤要求不严。分布于我国南方及西南各地。越南、朝鲜、日本亦有。

园林应用：枝叶茂密，冠大荫浓，树姿雄伟。是城市绿化的优良树种，广泛作为庭荫树、行道树、防护林及风景林。

知识拓展：木材耐腐、耐虫蛀、耐水湿，适于造船、车辆、建筑、农具、上等家具、雕刻等用材；木材、枝、叶和根可提取樟脑和樟油，供医药及香料工业用；果核含油量约40%，油供工业用。

天竺桂

樟科樟属

学名：*Cinnamomum japonicum* Siebold

别名：土桂、山桂

形态特征：常绿乔木，高 10 ～ 15 米；枝条细弱，圆柱形。叶近对生或在枝条上部互生，卵圆状长圆形至长圆状披针形，离基三出脉。圆锥花序腋生，末端为 3 ～ 5 花的聚伞花序；花被裂片 6 片。果长圆形。花期 4 ～ 5 月。果期 7 ～ 9 月。

习性及分布：喜温暖、湿润的气候，稍耐寒；喜排水良好的微酸性土壤。主要分布于江苏、浙江、台湾。

园林应用：姿态优美，分枝低，叶茂密。可作庭荫树、防护树、行道树。

知识拓展：枝叶及树皮可提取芳香油，供制各种香精及香料的原料；果核含脂肪，供制肥皂及润滑油；木材坚硬而耐久，耐水湿，可供建筑、造船、桥梁、车辆及家具等用。

兰屿肉桂

樟科樟属

学名：*Cinnamomum kotoense* Kanehira et Sasaki

别名：平安树、肉桂

形态特征：常绿乔木，高约 15 米；枝条及小枝褐色，圆柱形，无毛。叶对生或近对生，卵圆形至长圆状卵圆形，革质；具离基三出脉，侧脉自叶基约 1 厘米处生出。果卵球形，果托杯状。果期 8 ~ 9 月。

习性及分布：喜光，喜温暖、湿润的环境，耐荫，不耐旱，不耐寒；喜疏松、肥沃、排水良好的酸性沙壤土。原产于台湾。

园林应用：为优美的盆栽观叶植物，也可作园景树。

香叶树

棕科山胡椒属

学名：*Lindera communis* Hemsl.

别名：大香叶、土香桂

形态特征：常绿乔木；幼枝绿色，被黄白色短柔毛。叶互生，革质，卵形或椭圆形。伞形花序单生或2个并生于叶腋；每花序有花5～8朵。果卵形，长约1厘米，熟时红色。花期3～4月。果期10月。

习性及分布：喜温暖的气候，耐荫，耐旱，耐瘠薄；喜湿润、肥沃的酸性土壤。分布于广东、湖南、云南、四川、台湾、浙江、甘肃。中南半岛亦有。

园林应用：树干通直，树冠浓密。可作为园景树，也是较好的水土保持树种。

知识拓展：果皮可提芳香油供作香料；种仁榨油可制肥皂、润滑油、油墨等；枝叶入药，也作为熏香原料。

辣木

辣木科辣木属

学名：*Moringa oleifera* Lam.

别名：鼓槌树

形态特征：乔木，高 3 ～ 12 米，树皮软木质。叶通常为三回羽状复叶，羽片 4 ～ 6 对；小叶 3 ～ 9 片，薄纸质，卵形，椭圆形或长圆形，叶背苍白色。花序广展，长 10 ～ 30 厘米；花白色，芳香。蒴果细长，长 20 ～ 50 厘米，直径 1 ～ 3 厘米，下垂，3 瓣裂。花期全年。果期 6 ～ 12 月。

习性及分布：喜光，喜温热的气候，不耐寒；对土壤要求不严。原产印度。

园林应用：用作园景树。

知识拓展：根、叶和嫩果常作食用；种子可榨油，为一种清澈透明的高级钟表润滑油，对气味有强烈的吸收性和稳定性，故可用作定香剂。

伯乐树

伯乐树科伯乐树属

学名：*Bretschneidera sinensis* Hemsl.

别名：钟萼木、冬桃

形态特征：乔木，高 10 ～ 20 米；小枝有较明显的皮孔。羽状复叶通常长 25 ～ 45 厘米，叶纸质或革质，狭椭圆形，菱状长圆形。花序长 20 ～ 36 厘米；花淡红色。果椭圆球形，近球形或阔卵形；种子椭圆球形，平滑。花期 3 ～ 9 月。果期 5 月至翌年 4 月。

习性及分布：喜温暖、湿润的环境；喜疏松、湿润的酸性土壤。忌炎热，不耐荫，忌积水；对土壤要求不严。产四川、贵州、广西、湖南、江西、浙江、福建。

园林应用：树姿挺拔，花色艳丽，蒴果鲜红。用作园景树、园路树。

知识拓展：伯乐树是中国特有树种，国家Ⅰ级保护树种。

壳菜果

金缕梅科壳菜果属

学名：*Mytilaria laosensis* Lec.

别名：谷菜果、米老排

形态特征：乔木，高达25米；小枝无毛，节上具环状托叶痕。叶阔卵圆形，全缘，或幼叶掌状3～5浅裂，基部截平，盾状着生。肉穗状花序顶生或近腋生；花瓣带状舌形，黄白色。蒴果卵圆形。

习性及分布：喜温暖、湿润的气候；喜肥沃的土壤。分布于广东、广西、云南。越南、老挝也有。

园林应用：用作园景树，栽植于公园绿地。

枫香树

金缕梅科枫香树属

学名：*Liquidambar formosana* Hance

别名：百日柴、边柴、枫树

形态特征：落叶乔木，高达 30 米；树皮灰褐色或黑褐色，块状剥落。叶阔卵状三角形，掌状 3 裂，顶端尾状渐尖。雄花排成短穗状花序；雌花排成头状花序,有花 25 ～ 40 朵。圆球状果序连花柱直径 3 ～ 4 厘米；蒴果木质。花期 3 ～ 4 月。果期 8 ～ 9 月。

习性及分布：喜光，喜温暖、湿润的气候，耐旱，耐瘠薄，忌水涝；喜肥沃的红黄土壤。分布于秦岭和淮河以南。越南、老挝及朝鲜南部也有。

园林应用：树干挺拔，树冠宽阔，气势雄伟，深秋叶色红艳，美丽壮观，是南方著名的观叶树种。用作风景林、庭荫树。

知识拓展：木材可供建筑、家具用材；树脂、叶、果入药。

蚊母树

学名：*Distylium racemosum* Sieb. et Zucc.

别名：米心树、蚊母、蚊子树

金缕梅科蚊母树属

形态特征：灌木或小乔木；芽、嫩枝、叶柄、花序轴、苞片、花萼均被鳞垢，老枝秃净；芽无鳞片。叶革质，椭圆形或倒卵状椭圆形，全缘。总状花序长约2厘米。蒴果卵圆形。花期3～4月。果期7～8月。

习性及分布：喜光，喜温暖、湿润的环境，耐半荫，稍耐寒。分布于广东、台湾、浙江。朝鲜、日本也有。

园林应用：树形整齐，叶色浓绿，经冬不凋，可作为城市及工矿区绿化及观赏树。

知识拓展：木材坚硬，可制家具；树皮含单宁，可制栲胶。同科植物杨梅叶蚊母树 *Distylium myricoides* Hemsl.、尖叶假蚊母树 *Distyliopsis dunnii* (Hemsl.) P. K. Endress 习性与用途同蚊母树。

1

1～3. 蚊母树
4～5. 杨梅叶蚊母树
6～8. 尖叶假蚊母树

细柄蕈树

金缕梅科蕈树属

学名：*Altingia gracilipes* Hemsl.

别名：齿叶蕈树、细柄阿丁枫

形态特征：乔木，高达 20 米；树皮灰白色或深褐灰色，平滑。叶卵形或卵状披针形，顶端尾状渐尖。雄花排成头状花序，圆球形或圆柱形，常多个再排成总状花序；雌花 5 ～ 6 朵排成头状花序，单个或数个再排成总状花序。果序倒圆锥形，直径 1.2 ～ 1.8 厘米。花期 3 ～ 4 月。果期 9 ～ 10 月。

习性及分布：喜光，不耐水湿；对土壤要求不严。分布于广东、福建、浙江。

园林应用：可作为园景树、行道树、水源涵养林。

知识拓展：木材供建筑、家具用；树皮流出的树脂含芳香性挥发油，可供药用及香料用。同属植物蕈树 *Altingia chinensis* (Champ.) Oliv. ex Hance 习性与用途同细柄蕈树。

1 ～ 3. 细柄蕈树
4. 蕈树

二球悬铃木

悬铃木科悬铃木属

学名：*Platanus × acerifolia* (Aiton) Willd.

别名：悬铃木、法国梧桐、法桐

形态特征：落叶大乔木，高达20米；树皮苍灰色，大片块状脱落。叶阔卵形，3～5浅裂，裂片顶端渐尖，基部微心形，边缘有数枚粗齿，掌状叶脉3～5条，直达齿端。花序头状；花通常4数。果序1～3个，直径约2.5厘米。

习性及分布：喜光，喜温暖、湿润的气候，不耐荫，耐旱，耐瘠薄。世界各地均有栽培。

园林应用：生长速度快，主干高大，树冠广阔，夏季具有很好的遮阴降温效果。用作行道树。

碧 桃

蔷薇科桃属

学名：*Amygdalus persica* ‘Duplex’ Rehd.

别名：千叶桃花

形态特征：乔木，高 3 ～ 8 米；树冠宽广而平展；树皮暗红褐色，老时粗糙呈鳞片状。叶片长圆状披针形、椭圆状披针形或倒卵状披针形。花单生，先于叶开放，粉红色。果实卵形、宽椭圆形或扁圆形。花期 2 ～ 3 月。果期 6 ～ 7 月。

习性及分布：喜光，喜温暖的环境，耐旱，耐寒；喜肥沃、排水良好的土壤。分布于西北、华北、华东、西南。

园林应用：花大色艳，广泛用于湖滨、溪流、道路两侧和公园等；也用于盆栽观赏。

知识拓展：同属植物桃 *Amygdalus persica* Linn.、紫叶桃 *Amygdalus persica* 'Atropurpurea' Schneid. 习性与用途同碧桃。

5

6

7

8

9

10

1～4. 碧桃
5～8. 桃
9～10. 紫叶桃

垂丝海棠

蔷薇科苹果属

学名：*Malus halliana* Koehne

别名：海棠花

形态特征：落叶小乔木，高达 5 米，树冠疏散，枝开展；小枝细弱，微弯曲。叶片卵形或椭圆形至长椭圆形。伞房花序，花序中常有 1 ～ 2 朵花无雌蕊，具花 4 ～ 6 朵，花梗细弱，长 2 ～ 4 厘米，下垂；花瓣倒卵形，粉红色。果实梨形或倒卵形，直径 6 ～ 8 毫米，略带紫色。花期 3 ～ 4 月。果期 9 ～ 10 月。

习性及分布：喜光，不耐荫，稍耐寒，喜温暖、湿润的环境；喜疏松、肥沃、排水良好的土壤。产于江苏、浙江、安徽、陕西、四川、云南。

园林应用：种类繁多，树形多样，叶茂花繁。可在门庭两侧对植，或在亭台周围、丛林边缘、水滨布置。

知识拓展：同属植物西府海棠 *Malus* × *micromalus* Makino 习性与用途同垂丝海棠。

1 ～ 4. 垂丝海棠
5 ～ 7. 西府海棠

紫叶李

蔷薇科李属

学名：*Prunus cerasifera* 'Pissardii'

别名：红叶李、欧洲红叶李

形态特征：灌木或小乔木，高可达 8 米；多分枝，枝条细长，开展，暗灰色，有时有棘刺；小枝暗红色。叶片椭圆形、卵形或倒卵形，紫红色。花 1 朵；花梗长 1 ~ 2.2 厘米；花瓣白色，长圆形或匙形。核椭圆形或卵球形，先端急尖。花期 4 月。果期 8 月。

习性及分布：喜光，喜温暖的气候，耐寒，较耐湿；对土壤适应性强。原产于亚洲西南部。

园林应用：整个生长季节叶片都为紫红色。应用于建筑物前、园路旁或草坪角隅处。

红梅

学名：*Armeniaca mume* f. *alphandii* (CarriŠre) Rehder

别名：梅花、梅

蔷薇科杏属

形态特征：落叶灌木或小乔木，高达 10 米。叶草质，卵形至阔卵形，顶端骤然收狭成尾状长渐尖，边缘具细腺锯齿。花单生或 2 朵并生，先于叶开放，芳香；花瓣倒卵形，白色，稀为粉红色。果近球形，直径 2 ~ 3 厘米。花期 12 月至翌年元月。果期 5 月。

习性及分布：喜温暖的气候，耐寒，耐旱，不耐涝；对土壤要求不严。原产于我国，福建有零散栽培。日本也有。

园林应用：可露地栽培供观赏，作园景树、庭园树；也可栽为盆花，制作梅桩。

知识拓展：梅原产我国南方，已有三千多年的栽培历史，无论作观赏或果树均有许多品种，如红梅、白梅、冰梅、香梅、照水梅等。果实入药，生食味酸，盐渍或制蜜饯别具风味。同属植物梅 *Armeniaca mume* Sieb. 习性与用途同红梅。

1 ~ 3. 红梅
4 ~ 6. 梅

钟花樱桃

蔷薇科樱属

学名：*Cerasus campanulata* (Maxim.) Yü et Li

别名：福建山樱花、福建山樱桃

形态特征：落叶乔木，高 8 ~ 10 米。叶纸质，椭圆形至倒卵状长圆形，顶端渐尖或骤然收狭成尾状，基部阔楔形至近圆形，边缘具腺锯齿。花 3 ~ 5 朵簇生，有短的总梗，如伞房花序状；萼筒筒状，紫红色；花瓣倒卵形，深紫红色。核果卵球形，长 1 ~ 1.5 厘米，红色。花期 2 月。果期 5 月。

习性及分布：喜光，喜温暖、湿润的气候；喜疏松、肥沃的土壤。分布于广东、广西、台湾。

园林应用：植株优美漂亮，叶片油亮，花朵鲜艳亮丽。应用于小区、公园、庭院等。

日本晚樱

蔷薇科樱属

学名：*Cerasus serrulata* var. *lannesiana* (Carr.) Makino

别名：重瓣樱花

形态特征：乔木，高 3 ～ 8 米；树皮灰褐色或灰黑色，有唇形皮孔。叶片卵状椭圆形或倒卵状椭圆形，边有渐尖单锯齿及重锯齿，齿尖有小腺体。花序伞房总状或近伞形，有花 2 ～ 3 朵；花瓣白色、红色。核果球形或卵球形，紫黑色。花期 4 ～ 5 月。果期 6 ～ 7 月。

习性及分布：喜光，耐寒；喜深厚、肥沃、排水良好的土壤。原产于日本。

园林应用：花大而芳香，盛开时繁花似锦。可孤植、列植于庭园建筑物旁。

海红豆

豆科海红豆属

学名：*Adenanthera microsperma* Teijsm. & Binn.

别名：**小籽海红豆、孔雀豆**

形态特征：落叶乔木。叶为二回羽状复叶，羽片 3 ～ 12 对，对生或近对生；小叶 4 ～ 7 对，互生，长圆形或卵状长圆形，顶端钝、圆或微凹。总状花序腋生或排成顶生圆锥状；花小，黄色或白色，有香味。荚果带状，开裂后果瓣旋扭；种子鲜红色。花果期 4 ～ 11 月。

习性及分布：喜光，喜温暖、湿润的气候，稍耐荫，稍耐寒；喜肥沃、排水良好的砂质土壤。分布于广东、广西、云南。

园林应用：树形挺拔，花朵晶莹如玉。作行道树、园景树。

知识拓展：全株有毒；木材质坚而耐腐，可做建筑材料及箱板，也可作红色染料；种子色艳，可做装饰品。

银合欢

豆科银合欢属

学名：*Leucaena leucocephala* (Lam.) de Wit

别名：白合欢、合欢树

形态特征：落叶灌木或小乔木。叶为二回偶数羽状复叶；羽片 4 ~ 6 对；小叶 4 ~ 15 对，线状长圆形。头状花序球形，直径约 2 厘米，单个腋生；花冠白色，5 裂；雄蕊 10 枚。荚果褐色，带形，扁平。花果期 5 ~ 12 月。

习性及分布：喜温暖、湿润的气候，稍耐荫；对土壤要求不严。原产于美洲。

园林应用：因其耐贫瘠，耐旱和萌发力强，是很好的荒山造林树种。

知识拓展：银合欢是一种危害极大的外来入侵植物，具有极强的生长繁殖能力，能迅速扩展蔓延，其破坏性主要表现为抑制其它植物生长，破坏生态系统，破坏园林绿化景观。

台湾相思

豆科金合欢属

学名：*Acacia confusa* Merr.

别名：相思树、台湾柳、相思子

形态特征：常绿乔木，高可达15米，全株无毛；树皮灰褐色，无刺。叶片退化；叶柄变为叶片状，稍呈镰刀状弯曲，革质。头状花序球形，黄色，每2～3个聚生于叶腋；总花梗纤细；花金黄色。荚果带形、扁平。花果期4～6月。

习性及分布：喜光，喜暖热的气候，耐半荫，耐低温，耐旱；喜酸性的土壤。分布于广东、广西、台湾。菲律宾、印度尼西亚也有。

园林应用：树冠婆娑，叶形奇异，花黄色，繁多，盛花期一片金黄色。作园景树；为荒山荒坡造林的优良树种。

知识拓展：材质坚韧，可作桨橹、农具等用；树皮含单宁，可作渔网、布的染料。同属植物大叶相思 *Acacia auriculiformis* A. Cunn. ex Benth.、黑荆 *Acacia mearnsii* De Wilde 习性与用途同台湾相思。

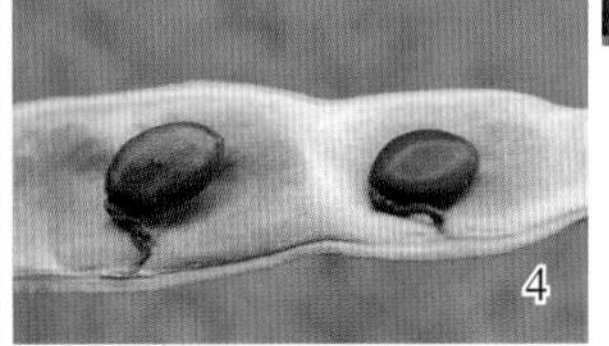

1～4. 台湾相思
5. 大叶相思
6～7. 黑荆

合欢

豆科合欢属

学名：*Albizia julibrissin* Durazz.

别名：绒花树、马缨花

形态特征：落叶乔木。叶为二回羽状复叶，羽片4～12对；小叶10～30对，镰形或斜长圆形。花无梗，多数聚生在总花梗的顶端呈头状，在上部腋生或排列成顶生的伞房花序；花序轴呈“之”字形弯曲；花淡红色；花萼和花冠密被短柔毛。荚果带形，扁平。花果期5～9月。

习性及分布：喜光，喜温暖、湿润的环境，耐寒，耐旱，耐瘠薄；喜肥沃、排水良好的土壤。分布于华东、华南、西南等地区。日本、印度、伊朗也有。

园林应用：开花如绒簇，作城市行道树、园景树。

知识拓展：嫩叶可食；树皮供药用，有驱虫之效；木材可制家具。同属植物阔荚合欢 *Albizia lebbeck* (L.) Benth. 习性与用途同合欢。

1～3. 合欢
4. 阔荚合欢

南洋楹

豆科南洋楹属

学名：*Falcataria moluccana* (Miq.) Barneby et Grimes

别名：仁仁树

形态特征：落叶乔木，高可达45米。羽片6～20对；小叶15～20对，菱状长圆形；小叶无柄。花排成穗状花序，单生或数个再排成圆锥花序；花小，无梗，白色或淡黄色；花瓣5深裂，淡黄色。荚果带形，扁平。花果期4～12月。

习性及分布：喜光，不耐荫，喜暖热、多雨的气候；喜肥沃、湿润的土壤。原产于马鲁古群岛。

园林应用：生长迅速，树形美观。可作庭荫树、行道树。

红花羊蹄甲

豆科羊蹄甲属

学名：*Bauhinia* × *blakeana* Dunn

别名：红花紫荆、洋紫荆、紫荆花

形态特征：乔木；小枝细长，密被茸毛。叶近革质，广心形，顶端2裂。花大，呈总状排列，有时分枝呈圆锥状排列，顶生或腋生；花瓣5片，红紫色，长倒卵形或倒卵状披针形；发育雄蕊5枚，不育雄蕊2～5枚。荚果。花期终年。

习性及分布：喜高温、湿润的环境，稍耐寒；喜肥沃的酸性土壤。分布在我国的福建、广东、海南、广西、云南等地。越南、印度亦有分布。

园林应用：色艳，味香，花期长。是优良的庭园观赏树、行道树。

知识拓展：同属植物白花洋紫荆 *Bauhinia variegata* var. *candida* Voigt、洋紫荆 *Bauhinia variegata* Linn.、羊蹄甲 *Bauhinia purpurea* DC. ex Walp. 习性与用途同红花羊蹄甲。

1

2

3

1～3. 红花羊蹄甲
4～5. 白花洋紫荆
6～7. 洋紫荆
8～10. 羊蹄甲

腊肠树

学名：*Cassia fistula* Linn.

别名：牛角树、波斯皂荚

豆科腊肠树属

形态特征：落叶乔木，高可达 15 米。羽状复叶大；小叶 4 ～ 8 对，广卵形至长卵形。花排成大型的总状花序，疏散，长 30 ～ 60 厘米或更长；花大，黄色，花瓣 5 片。荚果圆柱形，长 30 ～ 60 厘米，直径 2 ～ 2.5 厘米，黑褐色，不开裂，有 3 条槽纹。花果期 6 ～ 10 月。

生态习性：喜光，喜温暖、湿润的环境，耐旱，耐水湿，忌积水，不耐寒；喜肥沃、排水良好的砂质土壤。原产于印度。

园林应用：初夏开花，满树金黄，秋日果荚长垂如腊肠，为珍奇观赏树，被广泛地应用在园林绿化中。用作园景树、行道树。

知识拓展：腊肠树材质坚硬，耐朽力强，可做支柱、车辆及农具等用材。树皮含单宁，可做红色染料。根、树皮、果瓤和种子供药用。

花榈木

豆科红豆属

学名：*Ormosia henryi* Prain

别名：花梨木、红豆树

形态特征：小乔木；幼枝密被黄褐色茸毛。叶为羽状复叶；小叶 5 ～ 9 片，革质，椭圆状倒披针形或长圆形，下面密被黄褐色短柔毛。圆锥花序腋生或顶生，密被黄褐色茸毛；花冠黄白色。荚果扁平，长 3 ～ 11 厘米，宽 2 ～ 3 厘米。花果期 7 ～ 12 月。

习性及分布：喜温暖、湿润的气候，稍耐荫，喜肥沃、湿润的土壤。分布于长江以南地区。越南亦有分布。

园林应用：树形优美，孤植、群植或列植草坪中、路旁；也可作防火树种。

知识拓展：种子鲜红色，坚硬有光泽，是美丽的装饰原料；高级用材树种；根、枝、叶入药。同属植物红豆树 *Ormosia hosiei* Hemsl. et Wils. 习性与用途同花榈木。

1 ～ 3. 花榈木
4 ～ 5. 红豆树

槐

豆科槐属

学名：*Sophora japonica* Linn.

别名：槐树、国槐

形态特征：乔木，株高15～25米，树皮暗灰色，树冠球形，老时则呈扁球形或倒卵形。枝叶密生。羽状复叶，小叶7～17片。圆锥花序顶生，花冠蝶形，黄白色，略具芳香。荚果肉质，念珠状，不开裂，黄绿色，常悬垂树梢，经冬不落。种子肾形，棕黑色。

习性及分布：喜光，稍耐荫，耐旱，耐瘠薄；对土壤要求不严。分布于辽宁、台湾、山东、甘肃、四川、云南。

园林应用：枝叶茂密，绿荫如盖。适作庭荫树，在北方多作行道树；也可配植于公园、建筑四周、街坊住宅区及草坪上。

知识拓展：为优良的蜜源植物；木材富弹性，耐水湿，可供建筑、船舶、枕木、车辆及雕刻等用；种仁含淀粉，可供酿酒或作饲料；树皮、枝叶、花蕾、花及种子均可入药。

金枝槐

豆科槐属

学名：*Sophora japonica* ‘Winter Gold’

别名：**黄金槐、金枝国槐**

形态特征：落叶乔木。1 年生枝为淡绿黄色，入冬后渐转黄色，2 年生枝为金黄色，树皮光滑。叶互生，羽状复叶，小叶 6 ～ 16 片，长 2.5 ～ 5 厘米，光滑，淡黄绿色。

习性及分布：耐旱，耐寒，耐盐碱，耐瘠薄。产于江苏、山东、安徽、浙江。

园林应用：用途颇广，是道路、风景区等园林绿化不可多得的彩枝树种之一；可孤植、丛植、群植。

龙爪槐

豆科槐属

学名：*Sophora japonica* f. *pendula* Hort.

别名：倒栽槐、倒槐

形态特征：乔木；树皮灰褐色，具纵裂纹；当年生枝绿色。羽状复叶；小叶4～7对，对生或近互生，纸质，卵状披针形或卵状长圆形。圆锥花序顶生，常呈金字塔形；花冠白色或淡黄色。荚果串珠状，种子间缢缩不明显。花期7～8月。果期8～10月。

习性及分布：喜光，稍耐荫；喜土层深厚、湿润肥沃、排水良好的砂质土壤。产于华北、西北。

园林应用：姿态优美，是优良的园林树种。可孤植、对植、列植于门庭及道旁；或置于草坪中作观赏树。

黄 檀

豆科黄檀属

学名：*Dalbergia hupeana* Hance

别名：望水檀、不知春、白檀

形态特征：乔木；树皮灰褐色。叶为奇数羽状复叶；小叶 7 ～ 11 片，长圆形或宽椭圆形。圆锥花序顶生；花冠淡紫色或白色。荚果长圆形，扁平。花果期 5 ～ 10 月。

习性及分布：喜光，耐旱，耐瘠薄，忌盐碱；喜深厚、湿润、排水良好的土壤。产于山东、江苏、安徽、贵州、云南。

园林应用：用作庭荫树、风景树、行道树，是荒山荒地绿化的先锋树种。

知识拓展：木材黄白色或淡褐色，结构细密、质硬重，切面光滑、耐冲击、易磨损、富于弹性、材色美观悦目，是运动器械、玩具、雕刻及其他细木工优良用材，民间用作斧头柄、农具等；果实可榨油。同属植物南岭黄檀 *Dalbergia balansae* Prain 习性与用途同黄檀。

1. 黄檀
2 ～ 3. 南岭黄檀

香花槐

豆科刺槐属

学名：*Robinia* × *ambigua* 'Idahoensis'

别名：守宫槐、紫花槐

形态特征：乔木，树高 10 ~ 12 米，树皮灰褐色至褐色。叶互生，羽状复叶，小叶 17 ~ 19 片，椭圆形至卵圆形，叶面光滑，鲜绿色。总状花序腋生，下垂，长 8 ~ 12 厘米，花粉红色。花期 5 ~ 8 月。

习性及分布：喜光，喜高温、多湿的环境，耐高温；喜疏松、肥沃、排水良好的土壤和砂质土壤。原产于西班牙。

园林应用：树形苍劲，姿态优美。可作草坪点缀，园林置景；也可用于公路绿化。

刺槐

豆科刺槐属

学名：*Robinia pseudoacacia* Linn.

别名：洋槐、槐树、槐花

形态特征：落叶乔木，高可达25米。叶为奇数羽状复叶，互生，小叶3～9对，对生或近对生，椭圆形、长圆形或卵形；托叶2枚，刺状，宿存，小托叶针状。总状花序腋生；花白色，芳香。荚果线状长圆形，扁平。花果期4～6月。

习性及分布：喜光，不耐荫，较耐旱，耐贫瘠。原产于美国。

园林应用：树冠高大，叶色鲜绿，花素雅而芳香。可作为行道树、庭荫树；工矿区绿化及荒山荒地绿化的先锋树种。

知识拓展：材质坚韧，可供制枕木、车辆、家具等用；种子油可做肥皂及油漆的原料；花芳香可提取芳香油；花和嫩叶可食用；茎皮、根、叶及花入药。

鸡冠刺桐

豆科刺桐属

学名：*Erythrina crista-galli* Linn.

别名：木本象牙红、象牙红

形态特征：落叶灌木或小乔木；茎和叶柄稍具皮刺。羽状复叶具3小叶；小叶长卵形或披针状长椭圆形。花与叶同出，总状花序顶生，每节有花1～3朵，花深红色。荚果长约15厘米，褐色。

习性及分布：喜高温的环境，稍耐荫，稍耐寒。原产于巴西等南美洲热带地区。

园林应用：花红色，且花期长。用作庭园观赏，也用于道路中央绿化。

刺桐

豆科刺桐属

学名：*Erythrina variegata* Linn.

别名：鸡公树、广东象牙红

形态特征：落叶大乔木，高可达 20 米；树皮灰色，有圆锥形的刺。羽状复叶 3 小叶。总状花序长约 15 厘米，花密集；花萼佛焰状；花冠鲜红色。荚果厚，念珠状。花期 3 月。

习性及分布：喜光，喜温暖、湿润的环境，耐旱，耐湿，稍耐寒；喜肥沃、排水良好的砂壤土。分布于广东、海南、云南、台湾。印度、马来西亚也有。

园林应用：适合单植于草地或建筑物旁，是优良的行道树。

知识拓展：树皮含纤维，是良好的制绳索原料；树皮、叶入药；叶也可作饲料。

粘叶豆

豆科粘叶豆属

学名：*Schizolobium parahyba* (Vell.)S.F.Blake

别名：裂瓣苏木、巴西蕨树、巴西凤凰树

形态特征：落叶乔木；树皮光滑，绿色，少分枝。二回羽状复叶，集生枝顶，长 30 ~ 60 厘米；小叶对生，长圆形，基部圆形，顶端圆钝。

习性及分布：喜高温、多湿的气候，不耐寒；喜疏松、肥沃的土壤。

园林应用：树干笔直，树冠整齐。可作园景树、行道树。

阳 桃

学名：*Averrhoa carambola* Linn.

别名：五棱果、羊桃、杨桃

酢浆草科阳桃属

形态特征：乔木，高达12米。羽状复叶长10～16厘米；叶轴及叶柄被柔毛；小叶5～11片，卵形至椭圆形，基部偏斜，全缘。花序长约3厘米，被柔毛；萼片红紫色，披针形；花瓣紫红色至淡红色。浆果肉质，卵形至椭圆形，多汁，3～8棱。

习性及分布：喜高温、湿润的气候，稍耐寒；喜疏松、肥沃的土壤。分布于广东、广西、云南、台湾等地。

园林应用：作园景树、庭园树。

知识拓展：果实多汁，是热带、亚热带地区重要水果之一。栽培品种有2大类：味甜可生食，味酸做蜜饯；叶入药。

柚

芸香科柑橘属

学名：*Citrus maxima* (Burm.) Osbeck

别名：大泡果、文旦、柚子

形态特征：常绿乔木，高 8 ~ 10 米。叶阔卵形至椭圆形，连翼叶长 9 ~ 16 厘米；翼叶大小差异很大。花瓣长 1.5 ~ 2 厘米。果梨形，近圆形至扁圆形，直径通常在 10 厘米以上，果皮甚厚，淡黄绿色，油胞大，凸起，果心实，瓢囊 10 ~ 15 瓣，汁胞白色或粉红色。花期 3 ~ 4 月。果期 9 ~ 10 月。

习性及分布：喜温暖、湿润的环境；喜疏松、肥沃的土壤。长江以南各地多有栽培。

园林应用：可作庭园树、园景树。

知识拓展：柚有许多优良品系，福建的沙田柚、文旦柚、坪山柚、晚白柚、蜜柚等尤为出名，是很受欢迎的水果，远销国内外；柚皮可入药或加工成蜜饯，也别有风味。

臭椿

苦木科臭椿属

学名：*Ailanthus altissima* (Mill.) Swingle

别名：椿树、樗、臭椿

形态特征：落叶乔木，高可达30米；树皮平滑。羽状复叶长30～60厘米，小叶13～27片，纸质，卵形至卵状披针形，两侧不等齐，除近叶基部有1～2对粗锯齿，齿端各有1枚大腺体外，全缘。圆锥花序长达30厘米；花小，黄色。翅果长椭圆形。

习性及分布：喜光，耐寒，耐旱，不耐水湿，不耐荫；喜深厚、肥沃、湿润的砂质壤土。分布于我国西北。日本、朝鲜也有。

园林应用：树干通直高大，春季嫩叶紫红色，秋季红果满树。是良好的观赏树和行道树；可孤植、丛植或与其它树种混栽。

橄 榄

橄榄科橄榄属

学名：*Canarium album* (Lour.) DC.

别名：白榄、山榄、青榄

形态特征：常绿乔木，高达 18 米，胸径可达 30 厘米；树皮苍灰色。奇数羽状复叶，小叶 7 ～ 11 片；小叶对生，革质，长圆状披针形。圆锥花序多少聚伞状或总状，通常比叶短；花瓣 3 片，白色，芳香。核果卵形，长约 3 厘米；黄绿色。花期夏季。果期秋季。

习性及分布：喜温暖、湿润的气候；喜疏松、肥沃的土壤。分布于广东、广西、云南等地。越南也有。

园林应用：树干挺拔，树冠浓绿。用作行道树、园景树、防风树。

知识拓展：橄榄可生食并制蜜饯，福建特产大福榄、清津榄、望云归等；此外果核磨汁内服可治鱼骨鲠喉。橄榄在福建有长久栽培历史，特别在闽江两岸，优良品种如檀香榄等品质尤佳。

香椿

棟科香椿属

学名：*Toona sinensis* (A. Juss.) Roem.

别名：春芽树、椿、红椿

形态特征：落叶乔木，高达 25 米；树干高大端直；树皮片状剥落。叶互生，偶数羽状复叶；小叶 10 ~ 34 片，对生，纸质，椭圆状长圆形至长圆状披针形，两侧不等大，全缘或具不明显的钝锯齿。圆锥花序顶生，下垂，长达 30 厘米；花小，芳香；花瓣 5 片，白色。蒴果狭椭圆形，木质；种子一端具膜质长翅。

习性及分布：喜光，耐湿；喜肥沃、湿润的砂壤土。我国西南部、中部、东部及华北地区都有分布。朝鲜、日本也有。

园林应用：可作园景树或行道树，配置于疏林中，也可作低山造林树种。

知识拓展：木材红褐色，纹理直，花纹美丽，不翘裂，耐腐力强，材质优良，可供建筑、造船、家具等用；幼芽嫩叶可做菜食用。

麻楝

学名：*Chukrasia tabularis* A. Juss.

别名：麻栋、毛麻楝

楝科麻楝属

形态特征：乔木，高达 20 米；树皮暗褐色，有细纵裂。叶互生，一回偶数羽状复叶；小叶互生，卵形至椭圆形，基部圆形，两侧不等齐，全缘。圆锥花序顶生；花长 1 ~ 1.5 厘米，有香味；萼杯状，5 ~ 6 裂，裂齿短而钝；花瓣 5 片。蒴果灰黄色或褐色，近球形或椭圆形。

习性及分布：喜光，稍耐寒，幼树耐荫；喜疏松、肥沃的土壤。分布于广东、广西、云南、西藏等地。印度、斯里兰卡、中南半岛至马来半岛也有。

园林应用：树姿雄伟，适宜作庭荫树、行道树。

知识拓展：木材黄褐色至红褐色，坚硬，有光泽，易加工，可供建筑、家具、车船、雕刻等用材。

楝

学名：*Melia azedarach* Linn.

别名：**苦楝、楝树、川楝子**

楝科楝属

形态特征：落叶乔木，高可达18米；树皮灰褐色，不规则纵裂；枝条广展，芽及嫩枝密生粉状星状毛。叶螺旋状着生，二至三回奇数羽状复叶，薄纸质，卵形、椭圆形至披针形，两侧略不等齐。圆锥花序腋生；花芳香；花瓣5片，淡紫色。核果球形至椭圆形。

习性及分布：喜温暖、湿润的气候；喜疏松、肥沃的土壤。我国黄河以南都有分布。

园林应用：作行道树、园景树；也可作造林树种。

知识拓展：木材边材灰黄色，心材黄色至红褐色，纹理美丽，质地松软，易于加工，可作家具、建筑、车船、乐器等用材；根、茎皮可提取栲胶；种子含油，供工业用；根、树皮、果入药，或做农药。

非洲楝

棟科非洲楝属

学名：*Khaya senegalensis* (Desr.) A. Juss.

别名：非洲红木、非洲桃花心木

形态特征：乔木，高可达20米或更高；树皮呈鳞片状开裂。叶互生；小叶6～16，近对生或互生，顶端2小叶对生，长圆形或长圆状椭圆形。圆锥花序顶生或腋生；萼片4，分离；花瓣4，分离。蒴果球形；种子宽，边缘具膜质翅。

习性及分布：喜光，喜温暖、湿润的气候，不耐旱、不耐寒；喜肥沃、排水良好的土壤。原产非洲热带地区和马达加斯加。

园林应用：树姿优美，叶片浓绿。用作园景树、行道树。

知识拓展：木材可作胶合板的材料；叶可作粗饲料；根可入药。

重阳木

大戟科秋枫属

学名：*Bischofia polycarpa* (Lévl.) Airy Shaw

别名：大秋枫、红桐

形态特征：落叶乔木，高 5 ~ 15 米；树皮褐色，小枝无毛。叶为 3 出复叶，干时纸质或薄纸质，阔卵形至椭圆状卵形。花雌雄异株，总状花序。果为浆果，较小，圆球形，直径 5 ~ 7 毫米，成熟时红褐色。花期 4 ~ 5 月。

习性及分布：喜光，喜温暖、湿润的气候，稍耐荫，耐水湿；喜深厚、肥沃的砂质土壤。分布于广东、广西、湖南、贵州、四川、浙江、陕西等地。

园林应用：树姿优美，冠如伞盖，秋叶转红，艳丽夺目。是优良的庭荫树和行道树，用于堤岸、溪边、湖畔，或在草坪周围作为点缀树种。

知识拓展：材质较坚重，可作建筑及家具等用材；果肉可供酿酒；种子可榨油；叶、根、树皮可入药。同属植物秋枫 *Bischofia javanica* Bl. 习性与用途同重阳木。

1 ~ 3. 重阳木
4. 秋枫

乌桕

大戟科乌桕属

学名：*Triadica sebifera* (L.) Small

别名：木蜡树

形态特征：乔木，高达15米。叶互生，纸质，菱形至宽菱状卵形。排成顶生穗形的总状花序，花小，密集。蒴果木质，梨状球形，成熟时黑褐色；种子近圆形，黑色，外被蜡层，长约8毫米，在分果爿脱落后仍附着于宿存的中轴上。花期4～8月。果期8～11月。

习性及分布：喜光，喜温暖的环境，不耐荫，耐寒；喜深厚肥沃、含水丰富的土壤。分布于广东、广西、湖南、河南、甘肃等地。日本和印度也有。

园林应用：树冠整齐，叶形秀丽，秋叶经霜变红，十分美观。可孤植、丛植于草坪和湖畔、池边，在园林绿化中可栽作护堤树、庭荫树及行道树。

知识拓展：种子的蜡层是制蜡烛和肥皂的原料；种子油可制油漆，木材供雕刻和制家具；

1

2

叶可饲柏蚕，树皮及叶含单宁，可提制栲胶；柏子入药；叶浸出液可作农药，有杀虫之效。同属植物山乌桕 *Triadica cochinchinensis* Lour.、圆叶乌桕 *Triadica rotundifolia* (Hemsl.) Esser 习性与用途同乌桕。

1～5. 乌桕
6. 山乌桕
7. 圆叶乌桕

石栗

大戟科石栗属

学名：*Aleurites moluccanus* (L.) Willd.

别名：烛果树、油桃、黑桐油树

形态特征： 常绿乔木，高可达15米。叶互生，卵形或宽披针形；叶柄顶端有2枚淡红色的小腺体。圆锥花序顶生，疏散；花白色；雄花花萼宽卵形，花瓣5片；雌花花被与雄花的相似。核果卵形或近球形，直径5～6厘米，肉质，有纵棱。花期4～7月。果期8月。

习性及分布： 喜光，喜温热的气候，耐旱，稍耐寒；喜排水良好的砂质土壤。原产于马来西亚和玻利尼西亚。

园林应用： 树干挺直，树冠浓密，有很好的遮阴效果，是极佳的城市行道树、庭园树。

知识拓展： 种仁含油达65%，油为制油漆、肥皂、涂料等的原料；树皮可提制栲胶。

紫锦木

大戟科大戟属

学名：*Euphorbia cotinifolia* Linn.

别名：红叶乌桕、俏黄栌、肖黄栌

形态特征：乔木。叶3枚轮生，圆卵形，全缘，两面红色。花序生于二歧分枝的顶端；雄花多数；雌花柄伸出总苞外。蒴果三棱状卵形，高约5毫米，直径约6毫米，光滑无毛。

习性及分布：喜光，喜温暖、湿润的环境，稍耐寒；喜疏松、肥沃、排水良好的土壤。原产于热带美洲。

园林应用：叶片红色，极其美丽，为优良的园林景观植物，可露地栽培或盆栽。

杧果

漆树科杧果属

学名：*Mangifera indica* Linn.

别名：芒果、莽果、密望子

形态特征：常绿大乔木，高 10 ~ 20 米。叶革质，常集生于枝顶。圆锥花序多花密集，花小，杂性，黄色或淡黄色。核果大，肾形，稍压扁，成熟时黄色，中果皮肉质，肥厚，鲜黄色，味香，果核扁，坚硬。花期 3 ~ 4 月。果期 8 ~ 9 月。

习性及分布：喜光，喜温暖的环境，不耐寒；喜排水良好的酸性土壤。分布于广东、广西、云南、台湾。

园林应用：树冠球形，浓绿，是优良的庭园树、行道树。

知识拓展：本种目前世界各地已广为栽培，并培育百余个品种。福建厦门、漳州、诏安等地也有十余个品种。杧果是热带名贵水果，汁多味美，可生食，也可制罐头或果酱；果皮、果核入药；叶和树皮可作黄色染料；木材坚硬，耐海水，可用于造船。

铁冬青

冬青科冬青属

学名：*Ilex rotunda* Thunb.

别名：红果冬青、圆果冬青

形态特征：常绿乔木，高达 20 米。叶纸质或薄革质，椭圆形或倒卵状椭圆形，全缘，侧脉 6 ~ 9 对。伞形花序单生于叶腋，雄花序有花 5 ~ 26 朵，雌花序有花 3 ~ 7 朵，花白色。果椭圆形或近球形，长 6 ~ 8 毫米，宿存柱头头状或盘状；内果皮近木质。花期 3 ~ 5 月。果期 9 ~ 11 月。

习性及分布：喜温暖的气候，耐寒，耐水湿；喜肥沃、排水良好的酸性土壤。分布于长江流域以南及台湾。日本、朝鲜、越南也有。

园林应用：树形优美，枝繁叶茂，四季常青。作为园景树、庭荫树。

知识拓展：木材可作细工木料；枝叶为造纸材料；树皮可提取栲胶；叶及树皮入药。同属植物冬青 *Ilex chinensis* Sims、大叶冬青 *Ilex latifolia* Thunb. 习性与用途同铁冬青。

1 ~ 2. 铁冬青
3. 冬青
4 ~ 5. 大叶冬青

白杜

卫矛科卫矛属

学名：*Euonymus maackii* Rupr.

别名：丝棉木、白杜卫矛

形态特征：落叶灌木或小乔木；小枝纤细，有棱，灰色，节间细长，老枝平滑。叶卵形、椭圆状卵形至椭圆状披针形。聚伞果序腋生，有果 3 ～ 5 个，总果梗长达 2 厘米。果实 4 深裂，直径 1 ～ 1.2 厘米；种子外有橙红色的假种皮。

习性及分布：喜光，稍耐荫，耐寒，耐旱，耐水湿；喜肥沃、湿润、排水良好的土壤。分布于我国中部、东部及北部。

园林应用：小苗可列植作绿篱；大树可作为园景树、庭园树。

知识拓展：木材可作雕刻及细工用材；根药用。

野鸦椿

省沽油科野鸦椿属

学名：*Euscaphis japonica* (Thunb.) Kanitz

别名：鸡肫果、鸡肾果、山椿

形态特征：落叶灌木或小乔木，高 2 ～ 8 米。叶对生，奇数羽状复叶，小叶对生，纸质，通常 5 ～ 9 片，阔卵形、卵形至狭卵形。聚伞花序组成圆锥状花序，顶生，花小，多数，黄白色。荚果 1 ～ 3 个，直径约 8 毫米，果皮软骨质，外面脉纹明显，里面光滑，种子近圆球形。花期 4 ～ 6 月。果期 9 ～ 11 月。

习性及分布：喜湿润的环境；喜疏松、肥沃、排水良好的土壤。分布于广东、湖南、云南、河南、台湾、江苏。朝鲜及日本也有。

园林应用：果布满枝头，成熟后果荚开裂，果皮反卷，露出鲜红色的内果皮，黑色的种子粘挂在内果皮上，如满树红花上点缀着颗颗黑珍珠，十分艳丽。可群植、丛植于草坪；也可用于庭园、公园等地布景。

知识拓展：木材可制家具；树皮及叶可制农药；树皮又可提取栲胶；种子含油量颇高，油可制肥皂及作工业用油；根及果实可入药。

鸡爪槭

槭树科槭属

学名：*Acer palmatum* Thunb.

别名：七角枫、青枫

形态特征：落叶乔木；幼枝细瘦，紫色或淡紫绿色。单叶，对生，纸质，5～9掌状分裂，常为7裂，边缘有锐锯齿。花排成伞房花序；花杂性，同株，紫色。翅果幼时紫红色，成熟后棕黄色，张开成钝角。花期4～5月。果期8～9月。

习性及分布：喜湿润、凉爽的气候，耐荫；喜肥沃、排水良好的酸性土或中性土。分布于贵州、湖南、湖北、安徽、江苏、河南、山东等地。朝鲜、日本也有。

园林应用：树姿优美，叶形秀丽，秋叶艳红，为珍贵的观叶树种。可植于溪边、池畔、路隅、墙垣；也可以盆栽，制成盆景。

知识拓展：本种在世界各地早有栽培，变种和变型较多。同属植物红枫 *Acer palmatum* 'Atropurpureum'、羽毛枫 *Acer palmatum* 'Dissectum' 习性与用途同鸡爪槭。

1～3. 鸡爪槭
4～7. 红枫
8～9. 羽毛枫

三角槭

学名：*Acer buergerianum* Miq.

别名：三角枫、桠枫、丫枫

槭树科槭属

形态特征：落叶乔木，高可达10米。单叶，对生，通常3浅裂或不裂；掌状3出脉或基部再分叉成5脉。伞房花序有多数花；花瓣5片，黄绿色，狭披针形。翅果黄褐色，张开成锐角或近直立，小坚果凸出。花期4月。果期7～8月。

习性及分布：喜温暖、湿润的环境，稍耐荫，耐寒，耐水湿；喜中性或酸性土壤。分布于广东、湖南、湖北、浙江、江苏、河南、山东等地。

园林应用：树姿优美，叶形秀丽，叶端三浅裂，宛如鸭蹼，颇具观赏性。可孤植、丛植，可作庭荫树、园景树。

樟叶槭

械树科槭属

学名：*Acer coriaceifolium* Lévl.

别名：革叶槭、樟叶枫

形态特征： 常绿乔木，高 10 ～ 20 米。单叶，对生，革质。果序伞房状，被茸毛；翅果黄褐色，翅连同小坚果长约 3 厘米，张开成锐角或近于直角，小坚果凸起；果梗长 2 ～ 2.5 厘米，被茸毛。花期 3 ～ 4 月。果期 5 ～ 10 月。

习性及分布： 喜光，喜温暖、湿润的环境，耐半荫，不耐旱，忌积水；对土壤要求不严。分布于广东、广西、贵州、湖南、江西、浙江等地。

园林应用： 树干直，冠形大，叶茂密，似樟树。可用作庭园树和行道树。

知识拓展： 同属植物元宝槭 *Acer truncatum* Bunge、红花槭 *Acer rubrum* L. 习性与用途同樟叶槭。

1 ～ 3. 樟叶槭
4. 红花槭
5 ～ 6. 元宝槭

七叶树

七叶树科七叶树属

学名：*Aesculus chinensis* Bunge

别名：娑罗子、猴板栗、天师栗

形态特征：落叶乔木，高 15 ～ 20 米，树皮灰褐色，平滑，常成薄片状剥落。叶对生，掌状复叶，长圆形或倒披针形至长倒卵形。花排成顶生大型圆锥花序，被微毛；花白色，杂性，雄花位于花序上部，两性花位于下部。蒴果卵圆形，具疣点，成熟时 3 瓣裂。花期 5 ～ 7 月。

习性及分布：喜光，喜温暖的气候，稍耐荫，耐寒；喜肥沃、排水良好的土壤。分布于广东、云南、贵州、四川、湖南、湖北、河南等地。

园林应用：用作行道树和庭园树。

知识拓展：木材坚硬、细密，可制造器具；果实供药用。

无患子

无患子科无患子属

学名：*Sapindus saponaria* L.

别名：木患子、洗手果、肥皂树

形态特征：落叶乔木，高可达15米。羽状复叶连柄长25～45厘米，有小叶5～8对，小叶互生或对生，纸质，卵状披针形至椭圆状披针形，多少不等侧。圆锥花序顶生；花淡黄绿色，通常两性，花瓣5片，边缘睫毛状。果为肉质核果，圆球形，成熟时黄色至橙黄色。

习性及分布：喜光，稍耐荫，耐寒，不耐水湿，耐旱；对土壤要求不严。分布于长江沿岸至台湾。朝鲜也有。

园林应用：树干通直，枝叶广展，绿荫稠密，秋天黄叶满树。用作园景树。

知识拓展：三明市建宁县被评为“无患子之乡”。根和果入药；果皮含有皂素，可代肥皂；木材质软，边材黄白色，心材黄褐色，可做箱板和木梳等。

黄山栾树

无患子科栾树属

学名：*Koelreuteria bipinnata* ‘Integrifoliola’

别名：黄山栾、全缘叶栾树

形态特征：落叶乔木，高达 17 ~ 20 米；树冠广卵形；树皮暗灰色，浅裂；小枝暗棕色，密生皮孔。二回羽状复叶，小叶 7 ~ 11 对，长椭圆状卵形；春季嫩叶红褐色，秋季变为黄褐色。顶生圆锥花序，花黄色。蒴果椭圆形，似灯笼，长 4 ~ 5 厘米，成熟时橘红色或红褐色。花期 8 ~ 9 月。果期 10 ~ 11 月。

习性及分布：喜光，喜温暖、湿润的气候，稍耐荫，耐寒，耐旱，耐瘠薄；喜石灰岩土壤。产于云南、贵州、四川、湖北、湖南、广西、广东等地。

园林应用：树形高大，花果优美。可作庭荫树、行道树和园景树；也可作防护林、水土保持林及荒山绿化树种。

知识拓展：同属植物台湾栾树 *Koelreuteria elegans* subsp. *formosana* (Hayata) Meyer、复羽叶栾树 *Koelreuteria bipinnata* Franch. 习性与用途同黄山栾树。

1～4. 黄山栾树
5～6. 台湾栾树
7～10. 复羽叶栾树

山杜英

杜英科杜英属

学名：*Elaeocarpus sylvestris* (Lour.) Poir.

别名：羊屎树、杜英、山橄榄

形态特征：常绿乔木。叶纸质，狭倒卵形至倒卵状披针形。总状花序腋生或生于叶痕的腋部；花淡黄绿色；花瓣长 4 ~ 5 毫米，无毛，顶端有 8 ~ 14 条流苏状细裂。核果椭圆形，长 1 ~ 1.6 厘米，无毛，成熟时黑色。花期 6 月。果期 10 月。

习性及分布：喜温暖、湿润的气候，稍耐荫，耐寒；喜酸性的黄壤和红黄壤。分布于广东、广西、福建、台湾、浙江等地。

园林应用：枝叶茂密，树冠圆整，部分叶红色，红绿相间，颇为美丽。丛植于草坪、坡地、林缘、庭前、路口；也可栽作行道树或背景树。

知识拓展：木材暗棕红色，坚实细致，可供建筑、家具及细木工等用材；树皮纤维可造纸；树皮可提取栲胶；根皮供药用。同属植物杜英 *Elaeocarpus decipiens* Hemsl.、秃瓣杜英 *Elaeocarpus glabripetalus* Merr. 习性与用途同山杜英。

1 ~ 2. 山杜英
3 ~ 4. 杜英
5. 秃瓣杜英

毛果杜英

杜英科杜英属

学名：*Elaeocarpus rugosus* Roxb.

别名：长芒杜英、尖叶杜英

形态特征：常绿乔木，高达 30 米；小枝粗大，有灰褐色柔毛。叶革质，倒卵状披针形，长 11 ～ 30 厘米。总状花序生于枝顶腋内；花瓣白色，倒披针形，先端 7 ～ 8 裂。核果近圆球形。花期 4 ～ 5 月。

习性及分布：喜温暖、湿润的环境，稍耐寒；喜酸性的黄壤。产于云南、广东和海南。中南半岛及马来西亚也有分布。

园林应用：树冠圆整，枝叶稠密。丛植于草坪、路口、林缘等处；或作行道树。

水石榕

杜英科杜英属

学名：*Elaeocarpus hainanensis* Oliver

别名：水柳树、海南胆八树

形态特征：常绿小乔木，高达6米。叶互生，通常聚生于枝顶，狭披针形至倒披针形。总状花序腋生，有花2～6朵；叶状苞片绿色，宿存；萼片狭披针形；花瓣白色至淡黄绿色，顶端流苏状细裂。核果纺锤形，长2～3厘米，两端渐尖。花期6～7月。

习性及分布：喜半荫，喜高温、多湿的气候，不耐寒，不耐旱；喜湿润、排水良好的土壤。分布于广东、海南。越南也有。

园林应用：花期长，花冠洁白淡雅，为常见的木本花卉。适宜作庭园树，丛植于草坪、坡地、林缘、庭前或路口。

文定果

杜英科文定果属

学名：*Muntingia calabura* Linn.

别名：文丁果、文冠果

形态特征：常绿小乔木，高达6～12米。单叶互生，长圆状卵形，先端渐尖，基部斜心形，叶缘中上部有疏齿，被星状茸毛。花两性，单生或成对着生于上部小枝的叶腋；花萼合生，深5裂；花瓣白色。盛花期3～4月。果熟期6～8月。

习性及分布：喜温暖、湿润的气候，不耐寒；对土壤要求不严。原产于热带美洲、西印度群岛。

园林应用：用作行道树、庭园树。

知识拓展：果可食，成熟时红色，有点像樱桃，果肉柔软多汁，可直接用手挤在嘴里吃，味微甜，风味独特。

猴欢喜

杜英科猴欢喜属

学名：*Sloanea sinensis* (Hance) Hu

别名：猴板栗、树猬、山板栗

形态特征：常绿乔木，高达 12 米。叶常聚生于小枝上部，叶纸质，倒卵状椭圆形至椭圆状长圆形。花数朵生于小枝上部叶腋，白色至淡绿色，下垂；雄蕊多数。蒴果木质，卵球形，直径 2 ～ 3 厘米，5 ～ 6 瓣开裂，密被长 6 ～ 15 毫米的尖刺和刺毛。种子椭圆形，有黄色假种皮。

习性及分布：喜温暖、湿润的气候；喜深厚、肥沃、排水良好的酸性或偏酸性土壤。分布于广东、广西、福建、云南、贵州等地。

园林应用：树形美观，四季常青，尤其红色蒴果，外被长而密的紫红色刺毛。宜作庭园观赏树。

木棉

木棉科木棉属

学名：*Bombax ceiba* L.

别名：木棉花、英雄花、英雄树

形态特征：落叶大乔木，高达25米；幼树树干有短而粗的圆锥状硬刺，侧枝平展。掌状复叶，小叶5～7片，小叶椭圆形至长圆状披针形。花单朵或数朵簇生于枝条近顶端；花萼增厚，花后从基部周裂脱落；花瓣肉质，深红色。蒴果长圆形或椭圆形，木质，成熟后5瓣开裂。花期春季。果期夏季。

习性及分布：喜光，喜温暖、干燥的环境，不耐寒，稍耐湿，忌积水；喜肥沃、排水良好的中性或微酸性砂质土壤。分布于广东、广西、云南、贵州、台湾等地。

园林应用：木棉花大而美丽。常作为庭园观赏树。

知识拓展：木材轻软，宜作包装箱等；果内棉毛可作枕头、垫褥材料；花可入药。

美丽异木棉

木棉科吉贝属

学名：*Ceiba speciosa* (A.St.-Hil.) Ravenna

别名：美人树、美丽吉贝

形态特征：落叶大乔木，高 10 ～ 15 米；树干下部膨大，幼树树皮浓绿色，密生圆锥状皮刺，侧枝放射状水平伸展或斜向伸展。掌状复叶，有小叶 5 ～ 9 片；小叶椭圆形，长 11 ～ 14 厘米。花单生，花冠淡紫红色，中心白色；花瓣 5，反卷。花期冬季。蒴果椭圆形。

习性及分布：喜高温、多湿的气候，不耐旱，不耐寒；喜排水良好的土壤。原产于南美洲。

园林应用：树冠伞形，叶色青翠，成年树树干呈酒瓶状，冬季盛花期满树姹紫，秀色照人。用作庭院绿化、公园绿化，也用作行道树。

知识拓展：木材轻软，宜作包装箱等；果内棉毛可作枕头、垫褥材料；花可入药。

马拉巴栗

木棉科瓜栗属

学名：*Pachira glabra* Pasq.

别名：瓜栗、发财树

形态特征：常绿乔木；侧枝轮生，平展。叶互生，多密生于小枝顶端；掌状复叶，小叶 5 ~ 7 片，倒卵状椭圆形至倒披针形。花单朵腋生，花萼杯状；花瓣长圆状条形，淡黄绿色至淡黄色，开花后常扭转。蒴果椭圆形，室背开裂为 5 果瓣，内面有白色绢质丝毛。花期 5 月。果期秋、冬季。

习性及分布：喜光，喜高温、多湿的环境，不耐寒，忌强光直射，较耐荫，稍耐旱；喜疏松、肥沃的土壤。原产于美洲热带地区。

园林应用：株形美观，茎干叶片全年青翠。可加工成各种艺术造型的桩景和盆景。

木荷

山茶科木荷属

学名：*Schima superba* Gardn. et Champ.

别名：果材、荷木

形态特征：乔木，高 8 ~ 20 米或更高，树冠圆形；树干挺直，分枝很高；树皮深灰色或灰褐色，纵裂成不规则的长块状。叶革质，卵状椭圆形至长圆形。花单生于叶腋或排成顶生的短总状花序；花白色，芳香；花瓣 5 片，倒卵形。蒴果扁圆球形。花期 3 ~ 7 月。果期 9 ~ 10 月。

习性及分布：喜光，喜温暖、湿润的气候；喜疏松、肥沃的砂质土壤。分布于广东、湖南、台湾、浙江、福建、安徽等地。

园林应用：木荷常组成上层林冠，适于在草坪中及水滨边隅土层深厚处栽植。

知识拓展：木材坚硬，适宜作纱厂的纱锭；也可作建筑用材；树皮晒干制成粉末，可用于毒鱼。

红厚壳

学名：*Calophyllum inophyllum* Linn.

别名：胡桐、海棠果、海滨果

藤黄科红厚壳属

形态特征：乔木，高 5 ~ 12 米。叶片厚革质，宽椭圆形或倒卵状椭圆形。总状花序或圆锥花序近顶生，有花 7 ~ 11 朵；花两性，白色，微香，直径 2 ~ 2.5 厘米；花瓣 4。果圆球形，直径约 2.5 厘米，成熟时黄色。花期 3 ~ 6 月。果期 9 ~ 11 月。

习性及分布：喜湿热的气候，耐盐碱，耐旱，不耐寒；喜疏松的砂质土壤。产于海南、台湾。印度、斯里兰卡、中南半岛、马来西亚、印度尼西亚、安达曼群岛、菲律宾群岛等地也有分布。

园林应用：树冠呈圆形，宽阔，绿荫效果极佳。为华南地区重要的庭荫树种，也可作海岸防风树种和城乡四周绿化树种。

知识拓展：种子含油量 20% ~ 30%，种仁含油量为 50% ~ 60%，油可供工业用，加工去毒和精炼后可食用，也可供医药用；木材质地坚实，较重，心材和边材不明显，能耐磨损和海水浸泡，不受虫蛀食，适宜造船、桥梁、枕木、农具及家具等用材；树皮含单宁 15%，可提制栲胶；根、叶入药。

菲岛福木

藤黄科藤黄属

学名：*Garcinia subelliptica* Merr.

别名：福木、穗花山竹子

形态特征：乔木，高可达20余米；小枝坚韧粗壮，具4～6棱。叶片厚革质，卵形、卵状长圆形或椭圆形。花杂性，同株，5数；雄花和雌花通常混合在一起，簇生或单生于落叶腋部；花瓣倒卵形，黄色；子房球形，3～5室。浆果宽长圆形，成熟时黄色。

习性及分布：喜高温、多湿的气候，耐旱，耐盐碱，不耐寒。产于中国台湾南部。琉球群岛、菲律宾、斯里兰卡、印度尼西亚也有。

园林应用：枝叶茂盛，是中国沿海地区营造防风林的理想树种。也可作园景树或盆栽观赏。

红木

红木科红木属

学名：*Bixa orellana* Linn.

别名：胭脂树、胭脂木、甘蜜

形态特征：常绿灌木或小乔木，高 3 ～ 7 米。叶卵形或阔卵形，基出脉 5 条。花较大，粉红色，直径 4 ～ 5 厘米，排成顶生圆锥花序。蒴果卵形或近球形，长 2 ～ 4 厘米，密生软长刺，外形极似板栗的壳斗，成熟时 2 瓣裂。花期 5 ～ 8 月。果期 9 ～ 11 月。

习性及分布：喜高温、多湿的环境；喜肥沃的酸性土壤。原产于美洲热带。

园林应用：树姿优美，果实红艳。适合作园景树、庭园树。

知识拓展：种子外皮可制染料；树皮可作绳索；种子又可供药用。

山桐子

大风子科山桐子属

学名：*Idesia polycarpa* Maxim.

别名：山梧桐、大叶子胖、斗霜红

形态特征：落叶乔木，高达18米。叶纸质，卵形至卵状心形，叶柄与叶片近等长，近中部及顶端各有1～2枚突起腺体。圆锥花序长10～20厘米，下垂，黄绿色；雌花有退化雌蕊。浆果，球形，成熟时红色，直径约9毫米；种子多数。花期5～6月；果期9～10月。

习性及分布：喜光，喜温暖、湿润的环境，耐寒，耐旱；喜疏松、肥沃的土壤。分布于我国秦岭以南、南岭以北、横断山脉以东。日本也有。

园林应用：树干高大，树冠广展，红果累累，是优良的绿化和观赏树种。常作为庭荫树、园景树。

知识拓展：木材松软，可供建筑、家具、器具等用材；为山地营造速生混交林和经济林的优良树种；花多芳香，为养蜂业的蜜源资源植物；果实、种子均含油，被人们称为树上油库。

番木瓜

番木瓜科番木瓜属

学名：*Carica papaya* Linn.

别名：木瓜、大树木瓜

形态特征：小乔木，高达 8 米；不分枝；茎具螺旋状排列而粗大的叶痕。叶近圆形，宽可达 60 厘米，通常 7 ～ 9 深裂。雄花序大，下垂，花通常为乳黄色；雌花单生或数朵组成伞房花序，花瓣乳黄色。果椭圆形至长圆形，长 10 ～ 30 厘米，成熟时橙黄色，果肉厚，内壁着生多数种子。

习性及分布：喜高温、多湿的环境，不耐寒，忌积水；喜疏松、肥沃的砂质土壤。原产于美洲热带、亚热带地区。

园林应用：我国南方作果树和庭园树栽培。可栽于庭前、窗际或住宅周围。

知识拓展：番木瓜栽培品种很多。番木瓜成熟果实可做果晶，具有热带水果的特殊风味；未熟的青果可做蔬菜或浸渍蜜饯；果的乳汁可提取木瓜素供药用。

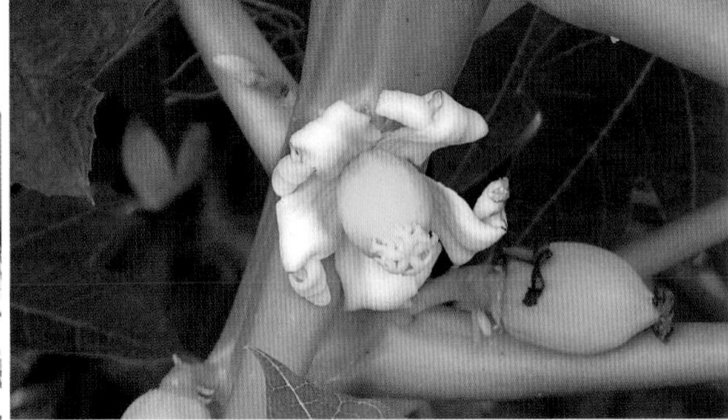

紫薇

千屈菜科紫薇属

学名：*Lagerstroemia indica* Linn.

别名：痒痒树、百日红、剥皮树

形态特征：落叶灌木或小乔木，高 2.5 ~ 6 米。叶对生或近对生，有时上部互生，纸质，椭圆形至倒卵形。圆锥花序顶生，花序轴具 4 棱；花淡紫红色、紫红色或白色；花瓣 6 片，近圆形，皱曲。蒴果圆球形至椭圆形。花期夏、秋季。果期秋、冬季。

习性及分布：喜光，喜温暖、湿润的气候，稍耐荫，耐寒，耐旱；喜石灰性土壤和肥沃的砂壤土。原产于亚洲。

园林应用：树姿、树干、花、叶俱美。可作园景树、行道树。

知识拓展：木材坚硬耐腐，可作家具、农具及建筑用材；根、枝、叶可药用。同属植物大花紫薇 *Lagerstroemia speciosa* (Linn.) Pers. 习性与用途同紫薇。

1～8. 紫薇
9～12. 大花紫薇

5 6 7 8 9 10 11 12

喜树

蓝果树科喜树属

学名：*Camptotheca acuminata* Decne.

别名：旱莲木、水冬瓜、水栗子

形态特征：落叶乔木，高可达 25 米。叶互生，卵形至椭圆形。花单性，同株，多数排成球形的头状花序，花瓣 5 片，淡绿色。瘦果窄长圆形，长 2 ～ 2.5 厘米，有窄翅。

习性及分布：喜光，耐寒；喜土层深厚、肥沃的土壤。分布于广东、湖北、云南、浙江、安徽、福建等地。

园林应用：树干挺直，生长迅速，可作庭园树、行道树。

知识拓展：木材可制家具及造纸原料，根供药用。

榄仁树

使君子科诃子属

学名：*Terminalia catappa* Linn.

别名：山枇杷、榄仁

形态特征：乔木，高达20米；枝平展。叶互生，常聚生于小枝近顶端，倒卵形。花序腋生，穗状；花细小，杂性，黄绿色或淡黄色。核果为压扁的椭圆形，向两端稍狭尖，木质，具2纵棱，成熟时青黑色。

习性及分布：喜光，耐旱，耐瘠薄，不耐寒；喜疏松、肥沃、排水良好的砂质土壤。原产于马来半岛。

园林应用：树形美观，常用作行道树、庭园树。

知识拓展：边材白色，心材红褐色，质地细密而重，硬度适中，可供建筑或制造器具；树皮含单宁，可作染料；叶子作黑色染料；种子则可供食用及榨油；树皮、叶可入药。同属植物小叶榄仁树 *Terminalia neotaliala* Capuron 习性与用途同榄仁树。

1～4. 榄仁树
5～6. 小叶榄仁树

垂枝红千层

桃金娘科红千层属

学名：*Callistemon viminalis* (Sol. ex Gaertn.) G.Don ex Loudon

别名：串钱柳、澳洲红千层

形态特征：小乔木。叶互生，有透明腺点，线形，长 3 ~ 8 厘米，宽 2 ~ 5 毫米，坚硬，顶端尖。穗状花序，生于近枝顶，下垂，长约 10 厘米；有花多数密生于卵形苞片腋内，花红色，花瓣 5 片，近圆形，鲜红色。蒴果半球形。花期夏季。

习性及分布：喜温暖、湿润的气候，耐酷暑，耐寒；喜肥沃的酸性或弱碱性土壤。原产于澳大利亚。

园林应用：细枝倒垂如柳，花形奇特。作行道树、园景树，单植、列植、群植。

知识拓展：同属植物美花红千层 *Callistemon citrinus* (Curtis) Skeels 习性与用途同垂枝红千层。

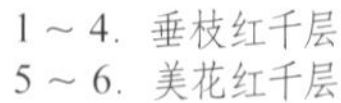

1 ~ 4. 垂枝红千层
5 ~ 6. 美花红千层

千层金

桃金娘科白千层属

学名：*Melaleuca bracteata* F.Muell.

别名：**黄金香柳**

形态特征：常绿乔木，高可达 6 ~ 8 米；小枝柔软密集，叶狭披针形，黄绿色、金黄色，长 1 ~ 2 厘米，宽 1 ~ 2 毫米。花乳白色。

习性及分布：喜温暖的气候；喜疏松、肥沃的土壤。原产于新西兰、荷兰等地。

园林应用：叶色金黄，树型优美，可修剪成球形、伞形、树篱、金字塔形等形状。应用于庭园景观、道路、小区绿化；也可盆栽观赏。

白千层

桃金娘科白千层属

学名：*Melaleuca cajuputi* subsp. *cumingiana* (Turcz.) Barlow

别名：脱皮树、千层皮

形态特征：乔木；树皮灰白色，海绵质，厚而疏松，成多层薄纸片状剥离。叶互生，狭椭圆形或披针形，有时偏斜成镰刀形。花密集成顶生的穗状花序，乳白色。蒴果半球形，直径3～4毫米。花期冬、春季。

习性及分布：喜温暖、潮湿的环境，耐旱，耐高温，耐寒；对土壤要求不严。原产于澳大利亚。

园林应用：树冠圆锥形，树姿优美整齐，叶浓密。宜作观赏树、行道树。

知识拓展：树皮可用来填补船艇的裂隙及制垫子；枝叶可提取芳香油，供药用和做防腐剂。

赤楠

桃金娘科蒲桃属

学名：*Syzygium buxifolium* Hook. et Arn.

别名：鱼鳞木、山乌珠、小叶赤楠

形态特征：灌木或小乔木；嫩枝有棱。叶革质，阔椭圆形至椭圆形。花数朵排成顶生聚伞花序；小花白色，花瓣4片，分离。果球形，直径5～7毫米。花期6～8月。

习性及分布：喜温暖、湿润的气候，稍耐寒；喜土层深厚的土壤。分布于广东、广西、湖南、台湾、浙江、福建、安徽等地。越南及日本也有。

园林应用：可作绿篱、园景树；也作盆栽观赏。

蒲 桃

桃金娘科蒲桃属

学名：*Syzygium jambos* (Linn.) Alston

别名：风鼓、蒲桃树、香果

形态特征：常绿乔木，高10米；小枝圆形。叶革质，披针形或长圆形。花数朵排成顶生聚伞花序，花白色，花瓣分离，阔卵形。果球形，肉质，直径3～5厘米，成熟时黄色，有油腺点。花期3～4月。果期5～6月。

习性及分布：喜温暖、湿润的气候，稍耐荫，耐水湿，不耐寒；喜疏松、肥沃的砂质土壤。分布于广东、广西、云南、贵州、台湾。

园林应用：树冠丰满浓郁，花、叶、果均可观赏。作园景树、庭荫树。

知识拓展：果实可食。同属植物洋蒲桃 *Syzygium samarangense* (Bl.) Merr. et Perry 习性与用途同蒲桃。

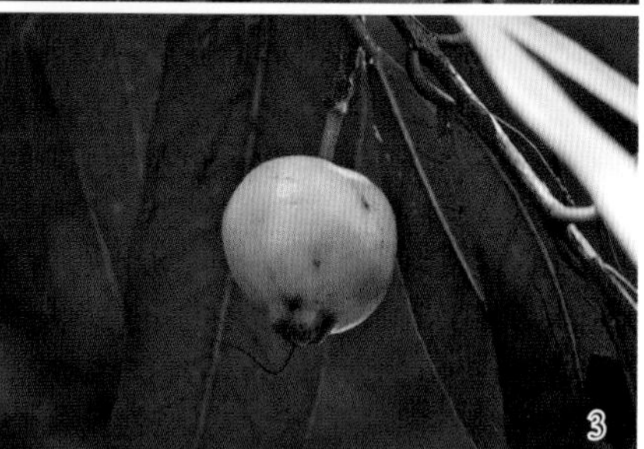

1～3. 蒲桃
4. 洋蒲桃

海南蒲桃

桃金娘科蒲桃属

学名：*Syzygium hainanense* Chang et Miau

别名：乌木、乌口树、乌墨

形态特征：常绿乔木，树高 8 ～ 10 米；分枝多；树冠圆锥形，树皮光滑，灰褐色；嫩枝淡灰绿色。叶披针形至长椭圆形，全缘，革质，深绿色；叶面多透明小腺点。果实球形，直径 4 ～ 5 厘米，成熟时深紫色至黑色。春至夏季为花果期。

习性及分布：喜光，喜湿，稍耐寒；喜深厚、肥沃的土壤。分布于我国华南、华东至西南地区。

园林应用：树干通直，树姿优美，果实累累，果色鲜艳，为优良的庭荫树、行道树。

知识拓展：海南蒲桃是造船、建筑、家具等重要用材树种；果可食。同属植物水翁蒲桃 *Syzygium nervosum* DC. 习性与用途同海南蒲桃。

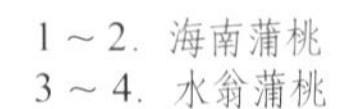
1～2. 海南蒲桃
3～4. 水翁蒲桃

1

2

3

4

柠檬桉

学名：*Eucalyptus citriodora* Hook. f.

别名：白树、蚊子树

桃金娘科桉属

形态特征：大乔木，高可达30米，树干挺直；树皮光滑，灰白色，大片状脱落。幼态叶片披针形，成熟叶片狭披针形，揉之有浓厚的柠檬气味。圆锥花序腋生。蒴果壶形，长1～1.2厘米，宽8～10毫米，果瓣藏于萼管内。花期4～9月。

习性及分布：喜光，喜温暖的环境，稍耐寒；喜疏松、湿润、深厚的酸性土壤。原产于澳大利亚东部及东北部无霜冻的海岸地带。

园林应用：用作行道树、园景树。

短梗幌伞枫

五加科幌伞枫属

学名：*Heteropanax brevipedicellatus* Li

别名：短梗罗汉伞、阿婆伞

形态特征：常绿灌木或小乔木，高 3 ～ 7 米。叶大，四至五回羽状复叶；小叶纸质，椭圆形至狭椭圆形。伞形花序再组成顶生圆锥花序，长达 70 厘米；花多数，淡黄白色。果圆球形，直径 7 ～ 8 毫米，黑色。花期 11 ～ 12 月。果期翌年 1 ～ 2 月。

习性及分布：喜高温、多湿的气候，忌干燥，不耐旱，稍耐寒。分布于广东、广西、江西等地。

园林应用：树形端正，枝叶茂密。可在庭院中孤植、片植；盆栽可做室内观赏。

知识拓展：根和树皮入药。同属植物幌伞枫 *Heteropanax fragrans* (Roxb.) Seem. 习性与用途同短梗幌伞枫。

1 ～ 3. 短梗幌伞枫
4. 幌伞枫

尖叶四照花

山茱萸科山茱萸属

学名：*Cornus elliptica* (Pojarkova) Q. Y. Xiang et Bofford

别名：四照花

形态特征：常绿灌木或小乔木，高 6 ～ 8 米；枝、叶被白色微柔毛。叶薄革质，椭圆形至倒卵状椭圆形。头状花序球形；总苞片椭圆形至卵圆形，乳白色；花瓣线形，黄色。果圆球形，直径 1.5 ～ 2 厘米，紫红色，肉质，果梗长 6 ～ 10 厘米。花期 6 ～ 7 月；果期 10 ～ 11 月。

习性及分布：喜温暖、湿润的环境，耐寒，耐旱，耐瘠薄；喜肥沃、排水良好的砂质土壤。分布于广东、湖南、云南、福建、安徽、陕西。

园林应用：树形整齐，初夏开花，白色苞片覆盖全树，秋季红果满树，是一种美丽的庭园观花、观果树种。可孤植或列植于草坪、路边、林缘、池畔。

知识拓展：果序肉质，味清甜，可食，民间称山荔枝。同属植物香港四照花 *Cornus hongkongensis* Hemsl.、秀丽四照花 *Cornus hongkongensis* subsp. *elegans* (W. P. Fang et Y. T. Hsieh) Q. Y. Xiang 习性与用途同尖叶四照花。

1 ～ 2. 尖叶四照花
3 ～ 4. 香港四照花
5 ～ 6. 秀丽四照花

乌柿

柿科柿属

学名：*Diospyros cathayensis* Steward

别名：丁香柿子、山柿子、金弹子

形态特征：落叶或半常绿小乔木；老枝红褐色，有时顶芽或侧芽变成刺。叶近革质，披针形、长圆形、倒披针形或近菱状卵形。雄花常3朵组成聚伞花序，花萼4深裂，花冠管坛状；雌花常单生。果近球形，直径1.5～2厘米，密被黄色伏毛，宿萼4深裂。花期5～6月。果期7月。

习性及分布：喜光，耐旱；喜深厚、肥沃的土壤。分布于广东、湖北、湖南、贵州、四川。

园林应用：果实形状优美，成熟后挂满枝头，金灿灿，是典型的观果植物，常作为盆景素材。

柿

柿科柿属

学名：*Diospyros kaki* Thunb.

别名：山柿、山油柿

形态特征：落叶大乔木，高 10 米以上；树皮鳞片状开裂。叶纸质或革质，卵状椭圆形、阔椭圆形或倒卵形。雄花序常为 3 朵花组成的聚伞花序；花萼钟状，被毛，4 深裂；花冠坛状，4 裂；雌花常单生于叶腋。果卵球形或扁球形，直径 3 ～ 7 厘米，成熟时橙黄色或深橙红色。花期 4 ～ 6 月。果期 7 ～ 11 月。

习性及分布：喜光，喜温暖的气侯，耐寒，耐瘠薄，不耐盐碱；喜深厚、肥沃、排水良好的土壤。原产于我国长江流域。

园林应用：在园林中孤植于草坪或旷地，列植于街道两旁。

知识拓展：福建柿的栽培品种很丰富，优良的品种有：安溪的‘油柿’，闽东南的‘橙色柿’、‘红柿’，永泰、仙游的‘扁压柿’，龙海、漳浦的‘狮头柿’，闽南的‘水柿’等，约有 20 多个品种。果可鲜食或作柿饼；花、根、柿蒂、柿漆、柿霜 (柿饼外的白霜) 可入药；木材材质硬重，纹理细致，心材褐色带黑，可作工具柄、器具、文具、雕刻及细工等用材。同属植物油柿 *Diospyros oleifera* Cheng 习性与用途同柿。

1 ～ 3. 柿
4 ～ 5. 油柿

棱角山矾

山矾科山矾属

学名：*Symplocos tetragona* Chen ex Y.F.Wu

别名：光亮山矾、阳光山矾

形态特征：乔木，高 5 ～ 15 米；小枝黄绿色，粗壮，具 4 ～ 5 条棱。叶革质，狭椭圆形。花排成腋生的穗状花序；花冠白色，5 深裂几达基部；雄蕊多数。核果长圆形，成熟时黑色。花期 3 ～ 4 月。果期 8 ～ 10 月。

习性及分布：喜温暖、湿润的气候；喜疏松、肥沃的土壤。分布于湖南、江西、浙江、福建。

园林应用：用作园景树、庭园树。

暴马丁香

木犀科丁香属

学名：*Syringa reticulata* subsp. *amurensis* (Rupr.) P. S. Green et M. C. Chang

别名：西海菩提

形态特征：落叶小乔木或大乔木，高 4 ～ 10 米；树皮紫灰褐色；枝具较密皮孔。叶片厚纸质，宽卵形、卵形至椭圆状卵形。圆锥花序由 1 到多对着生于同一枝条上的侧芽抽生；花冠白色，呈辐状；花药黄色。果长椭圆形。花期 6 ～ 7 月。果期 8 ～ 10 月。

习性及分布：喜光，喜温暖、湿润的气候，耐寒；喜肥沃的冲积土。分布于黑龙江、吉林、辽宁。朝鲜也有。

园林应用：花序大，花期长，树姿美观，花香浓郁。应用于公园、庭院。

知识拓展：木材纹理通直，材质较轻，含挥发油，可做锄把、碗橱、茶筒、茶杯、烟盒等，有特异清香气味且不变形。树皮、树干及茎枝入药；花的浸膏质地优良，可广泛调制各种香精，是一种使用价值较高的天然香料。

木犀

学名：*Osmanthus fragrans* Lour.

别名：**桂花、桂花树**

木犀科木犀属

形态特征：常绿灌木或小乔木，高 2 ～ 15 米。叶革质，椭圆形或椭圆状披针形，全缘或上半部疏生细锯齿。聚伞花序簇生于叶腋；花白色或淡黄色，具浓郁的香味。核果椭圆形，成熟时紫黑色。花期 8 ～ 10 月。果期翌年 4 ～ 6 月。

习性及分布：喜光，喜温暖、湿润的气候；对土壤要求不严。分布于西南、中南、华东。

园林应用：枝繁叶茂，芳香四溢，在园林中应用普遍。作园景树、行道树；可孤植、对植、列植。

知识拓展：常见栽培品种有一年四季开花的‘四季桂’；花橙黄至橙红色的‘丹桂’；花金黄色的‘金桂’；花黄白色至淡黄色的‘银桂’。花可提取芳香油，制桂花浸膏，用以配制高级香料；可熏茶和制桂花糖、桂花糕、桂花酒等；亦可入药；果可榨油，供食用。

1

2

3

4

1 ～ 3. 木犀
4. ‘丹桂’

女贞

木犀科女贞属

学名：*Ligustrum lucidum* Ait.

别名：女桢、蜡树、将军树

形态特征：常绿乔木；小枝近圆柱形，皮孔明显。叶革质，卵形、阔卵形、椭圆形或阔椭圆形。圆锥花序顶生，长 8 ～ 20 厘米；花冠钟状。果肾形或近肾形，蓝黑色或淡紫色，长 7 ～ 10 毫米。花期 5 ～ 7 月。果期 7 月至翌年 5 月。

习性及分布：喜光，喜温暖、湿润的气候，耐寒，耐水湿，耐荫；喜砂质土壤或黏质土壤。分布于广东、云南、贵州、湖北、浙江、安徽。朝鲜也有。

园林应用：四季婆娑，枝干扶疏，枝叶茂密，树形整齐。用作行道树或庭园树。

知识拓展：木材作细木工材料；果、树皮、根、茎入药。

蕊 木

夹竹桃科蕊木属

学名：*Kopsia arborea* Blume

别名：云南蕊木、假乌榄树

形态特征：乔木，高 5 米以上。叶坚纸质，椭圆状长圆形或椭圆形，边缘微波状。花多朵排成二叉伸长的复总状聚伞花序；花白色，花冠筒长 3 ～ 3.8 厘米。核果椭圆形，长 3 ～ 3.5 厘米，成熟时黑色。花期 4 ～ 8 月。果期 8 ～ 11 月。

习性及分布：喜温暖、湿润的气候，不耐寒。分布于云南。

园林应用：树形优美，花、果、叶都有较高的观赏性。作园景树。

知识拓展：树皮、果和叶入药。

红鸡蛋花

夹竹桃科鸡蛋花属

学名：*Plumeria rubra* Linn.

别名：大季花、蛋黄花

形态特征：小乔木，高达 5 米；枝条粗壮而稍肉质，无毛。叶厚纸质，长圆状倒披针形，侧脉 30 ～ 40 对，近水平生长，在未达叶缘处网结。花排成顶生聚伞花序；花深红色。荚果双生，广叉开，线状长圆形。花期 4 ～ 9 月。

习性及分布：喜光，喜温暖、湿润的环境，不耐寒。原产于南美洲。

园林应用：树姿优美，花期长，是热带、亚热带地区园林绿化的佳品。可用于庭园美化或大型盆栽观赏。

知识拓展：鲜花含芳香油，作调制化妆品及高级皂用香精原料；白色乳汁有毒，误食或碰触会产生中毒现象；花、树皮药用。栽培品种鸡蛋花 *Plumeria rubra*‘Acutifolia’习性与用途同红鸡蛋花。

1～2. 红鸡蛋花
3～4. 鸡蛋花

盆架树

夹竹桃科鸡骨常山属

学名：*Alstonia rostrata* C. E. C. Fisch.

别名：糖胶树、灯台树、盆架子

形态特征：乔木，高可达12米；枝轮生。叶3～8片轮生，侧脉25～50对，近水平生长，在叶缘处网结。花多朵排成顶生较密集的聚伞花序；花白色。蓇葖果双生，叉开，线形。花期6～11月。果期10月至翌年5月。

习性及分布：喜光，喜高温、多湿的环境，不耐寒；喜肥沃的土壤。分布于广西和云南。尼泊尔、印度、斯里兰卡、缅甸等热带地区也有。

园林应用：树形美观，枝叶常绿，树冠分层如塔状，果实细长如面条。是优良的行道树和庭荫树。

知识拓展：木材可作黑板，故称黑板树。

柚木

马鞭草科柚木属

学名：*Tectona grandis* Linn. f.

别名：埋沙、脂树、血树

形态特征：大乔木，高达40米；小枝四棱形，具4槽。叶对生，厚纸质，全缘，卵状椭圆形或倒卵形；叶柄粗壮。圆锥花序顶生；花有香气，但仅有少数能发育；花萼钟状；花冠白色。核果球形，直径12～18毫米。花期8月。果期10月。

习性及分布：喜光，喜温暖、湿润的环境，不耐寒；喜肥沃、排水良好的土壤。分布于印度、缅甸、马来西亚和印度尼西亚。

园林应用：主干通直、叶子大、树冠齐整。用作园景树、行道树。

知识拓展：柚木是世界著名的木材之一，材质坚硬，光泽美丽，纹理通直，耐朽力强，芳香，反张力少，易加工，适于造船、车辆、建筑、雕刻及家具之用；木屑、花和种子入药。

菜豆树

紫葳科菜豆树属

学名：*Radermachera sinica* (Hance) Hemsl.

别名：白鹤参、朝阳花、牛尾豆

形态特征：落叶乔木，高达12米。叶对生，二至三回奇数羽状复叶；小叶革质，卵状椭圆形，顶端小叶远较大，其余小叶较小。圆锥花序顶生，长达40厘米；花冠白色至淡黄色。蒴果圆柱状，常扭曲，长可达70厘米，粗5～10毫米，2瓣开裂；果皮革质。

习性及分布：喜光，喜高温、多湿的环境，耐高温，忌寒冷；喜疏松、肥沃、排水良好的砂质土壤。分布于广东、海南、广西、云南及台湾。花期5～9月，果期10～12月。

园林应用：树形美观，树姿优雅，花期长，花朵大，花香淡雅。是热带、南亚热带地区常用的园林绿化树种。

知识拓展：木材可作家具用材；根、叶、果药用。

蓝花楹

紫葳科蓝花楹属

学名：*Jacaranda mimosifolia* D. Don

别名：含羞草叶楹、蕨树

形态特征：落叶乔木，高达15米。叶对生，二回羽状复叶，羽片通常在16对以上，每羽片有小叶16～24对；小叶椭圆状披针形至椭圆状菱形。圆锥花序顶生，多花；花蓝色，钟状，檐部二唇形，5裂片近等大。蒴果木质，近圆形或椭圆形，压扁。

习性及分布：喜高温、干燥的气候，耐旱，稍耐寒；对土壤要求不严。原产于南美洲热带地区。

园林应用：观叶、观花、观果树种。广泛用作行道树、遮阴树和风景树。

知识拓展：木材淡黄色，材质轻软，纹理通直，可作家具用材。

黄花风铃木

紫葳科风铃木属

学名：*Handroanthus chrysanthus* (Jacq.) S.O.Grose

别名：黄金风铃木、巴西风铃木

形态特征：落叶小乔木；茎干直立，树冠圆伞形。掌状复叶，小叶4～5枚，倒卵形，被褐色细茸毛。花冠漏斗形，风铃状，花鲜黄色；先花后叶。果实为蓇葖果，向下开裂，有许多茸毛以利种子散播；种子带薄翅。花期3～4月。

习性及分布：喜高温的环境，稍耐寒；喜富含有机质的砂质土壤。原产于中南美洲。

园林应用：花色金黄明艳。适合公园、绿地、路边、水岸边栽植，是优良行道树。

珊瑚树

忍冬科荚蒾属

学名：*Viburnum odoratissimum* Ker-Gawl.

别名：法国冬青、珊瑚荚蒾、四季青

形态特征：常绿灌木或小乔木，高 5 ~ 10 米。叶革质，椭圆形、长椭圆状圆形、长圆状倒卵形至倒卵形。圆锥花序顶生或生于侧生短枝上；花芳香，花冠白色，辐状。果卵圆形或卵状椭圆形，长约 8 毫米，成熟时红色，后变黑色。花期 4 ~ 7 月。果期 8 ~ 10 月。

习性及分布：喜光，喜温暖、湿润的环境，耐寒，稍耐荫；喜肥沃的中性土壤。分布于广东、广西、海南、湖南。印度、缅甸、泰国、越南也有。

园林应用：枝繁叶茂，红果形如珊瑚，绚丽可爱。庭园中常整修为绿墙、绿门、绿廊；也可孤植、丛植装饰墙角。

扇叶露兜树

露兜树科露兜树属

学名：*Pandanus utilis* Borg.

别名：红刺露兜树、非洲山菠萝

形态特征：常绿小乔木，高 2 ～ 3 米；茎分枝，通常具气生根。叶聚生于枝顶，革质、带状，边缘和下面中脉上有锐刺。花单性，雌雄异株；雄花序由数个穗状花序组成；雌花多数，密生，芳香。果为球形的聚花果，直径 15 ～ 20 厘米，由 50 ～ 80 个小核果所组成。果期1 ～ 2 月。

习性及分布：喜光，喜高温、多湿的气候，不耐寒；常生于海边沙地。分布于我国南北各地。欧洲、北美、大洋洲、亚洲北部均有。

园林应用：盆栽观赏，成树为庭园美化高级树种。也可作绿篱和盆栽观赏。

知识拓展：叶部纤维可制帽、编篮；种子入药。

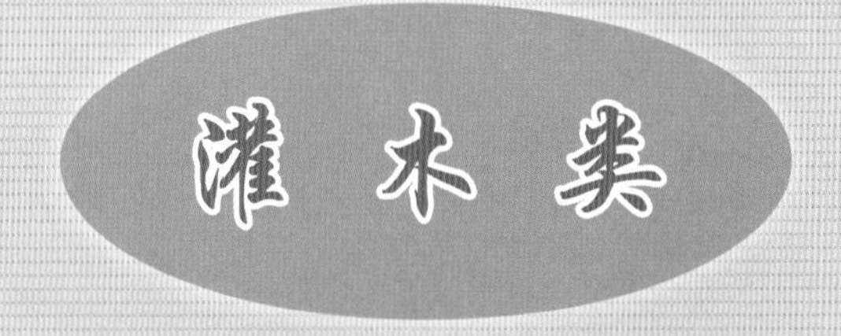
灌木类

苏铁

苏铁科苏铁属

学名：*Cycas revoluta* Thunb.
别名：铁树、千岁子、梭罗花

形态特征：常绿植物，呈棕榈状；树干高达1～2米，圆柱形，密被螺旋状排列的菱形叶柄残痕。叶有二种：鳞叶三角状卵形，幼时密被黄褐色毡毛；营养叶倒卵状狭披针形，一回羽状深裂；裂片多达100对以上，线状，顶端刺状锐尖，边缘明显向下反卷。雌雄异株；雄球花圆柱形。种子倒卵圆形，外种皮橘红色。

习性及分布：喜光，耐荫，稍耐寒；喜肥沃、湿润的微酸性土壤。分布于台湾、广东。印度尼西亚、菲律宾、日本南部也有。

园林应用：树形古雅，主干粗壮，羽叶洁滑光亮，为珍贵观赏树种。南方多植于庭前阶旁及草坪内；北方宜作大型盆栽，布置庭院、屋廊及厅室。

知识拓展：茎内含淀粉，可供食用；种子含油和丰富淀粉，供药用，但有微毒。同属植物四川苏铁 *Cycas szechuanensis* Cheng et L. K. Fu 习性与用途同苏铁。

1

2

1～5. 苏铁
6～7. 四川苏铁

鳞粃泽米铁

泽米铁科泽米铁属

学名：*Zamia furfuracea* Ait.

别名：南美苏铁、泽米铁、墨西哥铁

形态特征：单干，干高 15 ~ 30 厘米，有时呈丛生状。叶为大型偶数羽状复叶，丛生于茎顶，长 60 ~ 120 厘米，硬革质，叶柄长 15 ~ 20 厘米，疏生坚硬小刺，羽状小叶 7 ~ 12 对，小叶长椭圆形，两侧不等，上部密生钝锯齿。

习性及分布：喜光，不耐荫，稍耐寒；喜湿润的土壤。原产于墨西哥。

园林应用：盆栽观赏；布置花坛。

香龙血树

百合科龙血树属

学名：*Dracaena fragrans* Ker-Gawl.

别名：巴西铁树、巴西铁、巴西木

形态特征：常绿灌木，株高可达6米以上；茎干挺拔，灰褐色，幼枝有环状叶痕。叶簇生于茎顶，长40～90厘米，宽6～10厘米，顶端稍钝，弯曲成弓形，有亮黄色或乳白色的条纹；叶缘鲜绿色，且具波浪状起伏，有光泽。花小不显著，黄绿色，芳香。

习性及分布：喜光，喜高温、高湿的环境，耐荫，耐干燥，不耐寒；喜疏松、排水良好的土壤。原产于热带地区。

园林应用：株形优美、规整。盆栽布置于客厅、书房、起居室；应用于花坛、花境。

知识拓展：世界著名的室内观叶植物。同属植物龙血树 *Dracaena draco* (L.) L.、也门铁 *Dracaena arborea* (Willd.) Link、百合竹 *Dracaena reflexa* F. Muell.、红边龙血树 *Dracaena marginata* hort. 习性与用途同香龙血树。

1. 香龙血树
2. 红边龙血树
3. 也门铁
4. 百合竹
5. 龙血树

凤尾丝兰

百合科丝兰属

学名：*Yucca gloriosa* Linn.

别名：凤尾兰、丝兰

形态特征：常绿木本植物，茎直立，高可达5米，常分枝。叶近莲座状簇生，坚硬，挺直，条状针形，或近剑形，顶端具1枚硬刺。圆锥花序大，长1～1.5米；花白色至淡黄白色，顶端常带紫红色，花下垂；花被6片，卵状菱形。果实倒卵状矩圆形，不开裂。

习性及分布：喜光，喜温暖、湿润的环境，耐寒，耐荫，耐旱，耐水湿，对土壤要求不严。原产于北美洲东部和东南部。

园林应用：叶色浓绿，数株成丛，剑形叶排列整齐。可应用于花坛中心、岩石或台坡旁边，也可用作围篱。

酒瓶兰

百合科酒瓶兰属

学名：*Beaucarnea recurvata* Lem.

别名：象腿树

形态特征：地下根肉质，茎干直立，下部肥大，状似酒瓶；膨大茎干具有厚木栓层的树皮，呈灰白色或褐色，老株表皮会龟裂。叶着生于茎顶端，细长线状，革质而下垂，叶缘具细锯齿。花小，白色。

习性及分布：喜光，喜温暖、湿润的环境，较耐旱，耐寒；喜肥沃的土壤。原产于墨西哥西北部干旱地区。

园林应用：盆栽，作观茎赏叶植物；也可栽植于公园绿地作为园景树。

朱蕉

百合科朱蕉属

学名：*Cordyline fruticosa* (L.) A.Chev.

别名：红铁、红叶、竹蕉

形态特征：直立灌木状，高可达 3 米。茎通常不分枝，丛生。叶聚生于茎顶端，矩圆形至矩圆状披针形，绿色或带紫红色。圆锥花序大，生于叶腋，长 30 ~ 60 厘米，多分枝，侧枝基部有大苞片，条状披针形。花期 11 月至次年 2 月。

习性及分布：喜半荫，喜高温、多湿的气候，不耐寒。本种原产地不详，现广植亚洲各地。

园林应用：株形美观，色彩华丽高雅。盆栽适用于室内装饰、摆放会场、公共场所、厅室出入处；也应用于花坛、花境。

无花果

桑科榕属

学名：*Ficus carica* Linn.

别名：明目果、天仙子

形态特征：灌木或乔木，高2～4米。叶坚纸质，阔卵形或近圆形，掌状3～5裂，边缘有浅圆齿。花序托单生于叶腋，梨形，肉质，成熟时黄绿色或紫褐色；雄花和虫瘿花生于同一花序托中。花果期春夏。

习性及分布：喜温暖、湿润的气候，耐瘠薄，耐旱，不耐寒，不耐涝；喜疏松、肥沃、排水良好的砂质土壤或黏质土壤。原产于地中海沿岸。

园林应用：枝繁叶茂，树态优雅，具有较好的观赏价值。作园景树、庭园树。

知识拓展：花序托通称无花果，味美，可生食或作干果、蜜饯等；可酿酒；果、根、叶可入药。

琴叶榕

桑科榕属

学名：*Ficus pandurata* Hance

别名：茶叶牛奶子、铁牛入石

形态特征：灌木，高 1 ~ 2 米；小枝幼时被粗毛。叶互生，纸质，提琴形。花序托单生于叶腋或生于已落叶的叶腋，椭圆形或卵圆形，直径 6 ~ 10 毫米，成熟时紫红色；雄花和虫瘿花生于同一花序托中。花期 6 ~ 8 月。果期 8 ~ 10 月。

习性及分布：喜光，喜温暖、湿润的环境，不耐瘠薄，不耐寒。分布于广东、广西、云南、江西、浙江。越南也有。

园林应用：作园景树；也作盆栽观赏。

知识拓展：茎皮纤维可制人造棉和造纸；根药用。同属植物大琴叶榕 *Ficus lyrata* Warb. 习性与用途同琴叶榕。

1 ~ 2. 琴叶榕
3 ~ 4. 大琴叶榕

光叶子花

紫茉莉科叶子花属

学名：*Bougainvillea glabra* Choisy

别名：宝巾、三角梅、叶子花

形态特征：藤状灌木；茎粗壮，分枝下垂，近无毛或疏生短柔毛，有 5 ~ 12 毫米的腋生锐刺。叶纸质，卵状披针形或卵形。花通常每 3 朵簇生于 3 片苞片内，花梗与苞片中脉合生，苞片叶状，卵形至卵状披针形，红色至紫红色。瘦果具 5 棱。

习性及分布：喜光，喜温暖的气候，不耐寒；对土壤要求不严。原产于巴西。

园林应用：枝叶扶疏、苞片艳丽、繁花似锦。应用于庭院、公园；也可制成微型盆景、小型盆景置于阳台、几案。

南天竹

小檗科南天竹属

学名：*Nandina domestica* Thunb.

别名：观音竹、满天星

形态特征：常绿灌木，高可达 2 米；茎直立，少分枝。叶互生，常集生于茎的上部，三回羽状复叶，长 30 ~ 50 厘米；末回小羽片 3 ~ 6 片；小叶薄革质，椭圆形或椭圆状披针形。圆锥花序顶生，大型、直立；花白色。浆果球形，直径 5 ~ 8 毫米，成熟时鲜红色。花期 3 ~ 6 月。果期 5 ~ 11 月。

习性及分布：喜温暖、湿润的环境，较耐荫，耐寒，喜肥沃、排水良好的砂质土壤。分布于广东、广西、四川、浙江、安徽、陕西。日本也有。

园林应用：植株优美，果实鲜艳。作公园绿地的植物配置；也可作室内盆栽；作切花材料。

知识拓展：根、茎、叶、果可入药。

紫叶小檗

小檗科小檗属

学名：*Berberis thunbergii* 'Atropurpurea'

别名：红叶小檗、紫叶日本小檗

形态特征：落叶多分枝灌木，高 1 ～ 2 米；幼枝紫红色，老枝灰褐色或紫褐色，有槽，具刺。叶深紫色或红色，全缘，菱形或倒卵形，在短枝上簇生。花单生或 2 ～ 5 朵成短总状花序，黄色，下垂，花瓣边缘有红色纹晕。浆果红色，宿存。花期 4 月。果期 8 ～ 10 月。

习性及分布：喜凉爽、湿润环境，耐寒，耐旱，忌水涝；对土壤的适应能力强。原产于中国华北、华东以及秦岭以北。

园林应用：春开黄花，秋缀红果，是叶、花、果俱美的观赏花木。适宜在园林中作花篱或在园路角隅丛植、大型花坛镶边或剪成球形对称状配植；也可制作盆景。

阔叶十大功劳

小檗科十大功劳属

学名：*Mahonia bealei* (Fort.) Carr.

别名：土黄柏、八角刺

形态特征：常绿灌木，高 0.5 ~ 2 米；茎直立，少分枝。叶互生，常聚集于茎的上部，一回奇数羽状复叶，长 25 ~ 40 厘米；小叶 9 ~ 15 片，厚革质，卵形、广卵形或卵状椭圆形，边缘每侧有 2 ~ 8 刺状锐齿。总状花序直立，6 ~ 9 个簇生；花黄色；花瓣 6 片，近倒卵形，顶端微凹。浆果卵圆形，长 8 ~ 10 毫米，深蓝色，具白粉。花期 12 月至次年 4 月。果期 4 ~ 7 月。

习性及分布：喜温暖的气候，耐寒；喜砂质土壤，忌盐碱土。分布于广东、湖南、河南、四川、浙江、安徽、福建、甘肃。

园林应用：叶形奇特，典雅美观。盆栽可供室内陈设；也可在庭院中、假山旁或石缝中种植。

知识拓展：全株供药用。同属植物十大功劳 *Mahonia fortunei* (Lindl.) Fedde 习性与用途同阔叶十大功劳。

1 ~ 3. 阔叶十大功劳
4. 十大功劳

夜香木兰

木兰科长喙木兰属

学名：*Lirianthe coco* (Loureiro) N. H. Xia et C. Y. Wu

别名：夜合、夜合花

形态特征：常绿灌木，高 2 ~ 4 米。叶革质，椭圆形、狭椭圆形或倒卵状椭圆形。花单朵，顶生，圆形，下垂，直径 3 ~ 4 厘米，夜间极香；花被 9 片，近圆形或心形，稍肉质，白绿色。聚合果蓇葖近木质。花期 5 ~ 6 月。

习性及分布：喜温暖、湿润的环境，耐荫，忌烈日；喜疏松、肥沃、排水良好的微酸性土壤。原产于我国南部。

园林应用：树姿小巧玲珑，夏季开出绿白色球状小花，昼开夜闭，幽香清雅。在南方常配植于公园和庭院中；北方常盆栽观赏，点缀客厅和居室。

知识拓展：花浓郁芳香，可提取香精，亦可用于熏茶。

含笑花

木兰科含笑属

学名：*Michelia figo* (Lour.) Spreng.

别名：含笑、含笑梅

形态特征：灌木或小乔木；分枝很密，小枝灰色；芽、嫩枝、花梗及叶柄均密被黄褐色茸毛。叶革质，倒卵形或倒卵状椭圆形；托叶痕长达叶柄顶端。花单生于叶腋，极芳香，淡黄色，边缘有时红色或紫色。聚合果无毛，蓇葖卵圆形或圆形。花期 5 ~ 10 月。

习性及分布：喜温暖、湿润的气候，不耐寒，耐半荫；喜排水良好的酸性土壤。原产于我国华南，现广植于华南。

园林应用：树姿优美，花极香。是优良的庭园观赏树种；也可盆栽观赏。

知识拓展：花可提取芳香油。同属植物紫花含笑 *Michelia crassipes* Law 习性与用途同含笑花。

1 ~ 4. 含笑花
5. 紫花含笑

蜡 梅

学名：*Chimonanthus praecox* (Linn.) Link

别名：黄金茶、腊木、雪里花

蜡梅科蜡梅属

形态特征：落叶灌木；幼枝四方形，老枝近圆柱形，有皮孔；芽具多数覆瓦状排列的鳞片。叶卵圆形、椭圆形至卵状披针形。花腋生，先于叶开放，芳香，直径1.5 ~ 2.5厘米；花被黄色，倒卵形、椭圆形、长圆形或近圆形。花期11月至翌年2月。果期5 ~ 8月。

习性及分布：喜光，耐荫，耐寒，耐旱，忌渍水；喜疏松、肥沃、排水良好的微酸性砂质土壤。分布于湖南、河南、云南、四川、浙江、安徽、山东、陕西。

园林应用：庭院栽植；作古桩盆景；作插花与造型艺术。

知识拓展：本种为久经栽培的观赏植物，园艺品种主要有素心蜡梅、磬口蜡梅和狗爪蜡梅等。通常用压条、分根或种子繁殖。根、叶、花供药用；花含有龙脑、桉油精、芳樟醇、蒎稀等，可配制香皂、香水、化妆品等的原料。同属植物山蜡梅 *Chimonanthus nitens* Oliv. 习性与用途同蜡梅。

1 ~ 2. 蜡梅
3. 山蜡梅

溲疏

虎耳草科溲疏属

学名：*Deutzia scabra* Thunb.

别名：观音竹、空疏、空心树

形态特征：落叶灌木，高达 3 米；树皮成薄片状剥落，小枝中空，红褐色。叶对生，有短柄；叶片卵形至卵状披针形。直立圆锥花序；花白色或带粉红色斑点。蒴果近球形，顶端扁平。花期 5 ~ 6 月。果期 10 ~ 11 月。

习性及分布：喜半荫，喜温暖、湿润的环境，稍耐寒；喜肥沃、排水良好的砂质土壤。原产于长江流域。朝鲜也有。

园林应用：初夏白花繁密，素雅。常丛植草坪一角、建筑旁、林缘配山石；也可作花篱及岩石园种植材料；花枝可供瓶插观赏。

绣 球

虎耳草科绣球属

学名：*Hydrangea macrophylla* (Thunb.) Ser.

别名：**八仙花、草本绣球**

形态特征：灌木，高约 4 米；小枝粗壮，多分枝。叶大而稍厚，倒卵形、椭圆形或阔卵形。花较密集，排成顶生球状伞房花序；花白色、粉红色或蓝色；不孕花占多数。蒴果近狭卵形。花果期 6 ～ 10 月。

习性及分布：喜半荫，喜温暖、湿润的环境，稍耐寒；喜肥沃、排水良好的砂质土壤。分布于湖南、贵州、四川等地。

园林应用：花大色艳，花期又长。是盆栽的好材料，摆放于建筑物旁、池畔；也用作地被栽于林下。

知识拓展：全株可入药。

海桐

海桐花科海桐花属

学名：*Pittosporum tobira* (Thunb.) Ait.

别名：海桐花、七里香

形态特征：常绿灌木或小乔木，高达 6 米。叶聚生于枝顶，革质，倒卵形或倒卵状披针形。花序顶生或近顶生，伞形或伞房状；花白色，后变黄色，芳香。蒴果圆球形，有 3 棱，直径约 1 厘米，熟时 3 瓣裂；果瓣木质；种子多数，被黄色黏性油质物。

习性及分布：耐寒，耐暑热，耐荫，稍耐旱；喜湿润、肥沃的土壤。分布于长江以南滨海各地。

园林应用：叶色浓绿，花朵清丽芳香，入秋果实开裂露出红色种子，也颇为美观。用作绿篱；也可孤植，丛植于草丛边缘、林缘或门旁。

红花檵木

金缕梅科檵木属

学名：*Loropetalum chinense* var. *rubrum* Yieh

别名：红檵木

形态特征：灌木或小乔木；小枝被棕褐色星状毛。叶卵形至卵圆形，顶端锐尖，基部钝，偏斜，全缘，红色或紫红色。花 3 ~ 8 朵排成短穗状花序，总花梗长约 1 厘米，密被棕褐色星状毛；萼筒杯状；花瓣 4 片，带状，红色。花期 3 ~ 5 月。果期 5 ~ 10 月。

习性及分布：喜光，喜温暖的气候，稍耐荫，耐旱，耐寒，耐瘠薄；喜肥沃的微酸性土壤。分布于长江中下游及以南地区。印度也有分布。

园林应用：枝繁叶茂，姿态优美。用作绿篱；或制作树桩盆景。

知识拓展：根、叶、花、果均可入药。同属植物檵木 *Loropetalum chinense* (R. Br.) Oliv. 习性与用途同红花檵木。

1 ~ 3. 红花檵木
4 ~ 5. 檵木

小叶蚊母树

金缕梅科蚊母树属

学名：*Distylium buxifolium* (Hance) Merr.

别名：小叶蚊母、窄叶蚊母树

形态特征：灌木，高 1 ~ 2 米；嫩枝无毛或疏被星状毛。叶革质，倒披针形或长圆状倒披针形，全缘或近顶端有 1 ~ 2 个小齿突。穗状花序腋生。蒴果卵圆形，顶端锐尖，被褐色星状毛，宿存花柱长约 2 毫米。种子褐色。花期 4 ~ 7 月。果期 8 ~ 10 月。

习性及分布：耐荫，耐瘠薄，耐盐碱，耐水湿；喜肥沃土壤。分布于广东、广西、湖南、四川。

园林应用：叶小质厚，花序密，花药红艳，花丝深红色，具极好的观赏效果。适宜涧边栽培；也是制作盆景的好树种。

知识拓展：同属植物中华蚊母树 *Distylium chinense* (Franch. ex Hemsl.) Diels 习性与用途同小叶蚊母树。

1 ~ 2. 小叶蚊母树
3 ~ 4. 中华蚊母树

麻叶绣线菊

蔷薇科绣线菊属

学名：*Spiraea cantoniensis* Lour.

别名：麻叶绣球、广东绣线菊

形态特征：灌木，高达1.5米；枝条暗褐色，圆柱形。叶菱状披针形至菱状长圆形，边缘中部以上有缺刻状锯齿。伞形花序有总梗，多花；花瓣近圆形或倒卵形，白色。蓇葖果稍张开。花期4～5月。果期7～8月。

习性及分布：喜光，喜温暖的环境，耐寒，耐荫，较耐旱，忌湿涝；喜疏松、肥沃、排水良好的砂质土壤。分布于广东、广西、江西、浙江。

园林应用：花繁密，盛开时枝条全被细小的白花覆盖，形似一条条拱形玉带。可成片配置于草坪、路边、斜坡、池畔；也可单株或数株点缀花坛。

粉花绣线菊

蔷薇科绣线菊属

学名：*Spiraea japonica* L. f.

别名：光叶绣线菊、绣线菊

形态特征：直立灌木，高达1.5米；枝条细长，开展，小枝近圆柱形。叶片卵形至卵状椭圆形，先端急尖至短渐尖。复伞房花序生于当年生的直立新枝顶端，花朵密集；花直径4～7毫米，粉红色；雄蕊多数。蓇葖果半开张。花期6～7月。果期8～9月。

习性及分布：喜光，喜温暖的环境，耐寒，耐荫，较耐旱，忌湿涝；喜疏松、肥沃、排水良好的砂质土壤。原产日本、朝鲜。

园林应用：花色艳丽，花期长。应用于花坛、花境，亦可作绿篱。

珍珠梅

蔷薇科珍珠梅属

学名：*Sorbaria sorbifolia* (L.) A. Braun

别名：八本条、山高梁

形态特征：灌木，高达 2 米，枝条开展；小枝圆柱形，稍屈曲。羽状复叶，小叶片 11 ～ 17 枚；小叶片对生，披针形至卵状披针形。顶生大型密集圆锥花序；花直径 10 ～ 12 毫米；花瓣长圆形或倒卵形，白色。蓇葖果长圆形。花期 7 ～ 8 月。果期 9 月。

习性及分布：喜光，耐荫，耐寒，耐旱；喜肥沃的土壤。分布于辽宁、吉林、黑龙江、内蒙古。朝鲜、日本、蒙古亦有分布。

园林应用：花、叶清丽，花期长。可孤植、列植、丛植；应用于花坛、花境。

红叶石楠

蔷薇科石楠属

学名：*Photinia* × *fraseri* Dress

别名：费氏石楠、红芽石楠

形态特征：常绿灌木或小乔木。叶革质，长椭圆形至倒卵状长圆形，边缘有带腺的细锯齿，有时近基部全缘，春季和秋季新叶亮红色。复伞房花序顶生；花密生；花瓣白色。果实球形，直径5～6毫米，红色，后成紫褐色。花期4～5月。果期10月。

习性及分布：喜光，喜温暖、湿润的环境，耐寒，耐瘠薄，忌水湿；对土壤要求不严。分布于广西、湖北、云南、台湾、安徽。日本、印度尼西亚也有。

1

2

园林应用：枝繁叶茂，早春嫩叶绛红，初夏白花点点，秋末红果累累。群植成大型绿篱应用在居住区、厂区绿地、街道或公路绿化带、隔离带。

知识拓展：同属植物石楠*Photinia serratifolia* (Desf.) Kalkman 习性与用途同红叶石楠。

1～4. 红叶石楠
5～7. 石楠

3

4

5

6

7

火棘

蔷薇科火棘属

学名：*Pyracantha fortuneana* (Maxim.) Li

别名：火把果、救兵粮

形态特征：常绿灌木，高约3米；侧枝短，顶端成锐尖硬刺。叶纸质，倒卵状椭圆形至倒卵状长圆形，顶端圆钝或微凹。复伞房花序生于侧枝顶端；花瓣白色，卵圆形。果近球形，红色，直径约5毫米。花期3～4月。果期5～6月。

习性及分布：喜光，耐贫瘠，耐寒；喜疏松、排水良好的中性或微酸性土壤。分布于广西、湖南、河南、云南、贵州、西藏、江西、江苏。

园林应用：树形优美，夏有繁花，秋有红果。用作绿篱以及园林造景材料。

皱皮木瓜

蔷薇科木瓜属

学名：*Chaenomeles speciosa* (Sweet) Nakai

别名：贴梗海棠、木瓜

形态特征：落叶灌木，高达 2 米；枝条直立开展，有刺。叶卵形至长圆形。花先于叶开放，3 ~ 5 朵簇生于 2 年生的老枝上；花瓣倒卵形或近圆形，猩红色，稀淡红色或白色。果实卵球形或球形，直径 4 ~ 6 厘米，黄绿色。花期 3 ~ 5 月。果期 9 ~ 10 月。

习性及分布：喜光，耐半荫，耐寒，耐旱；喜肥沃、排水良好的土壤。分布于广东、云南、贵州、四川、陕西、甘肃。缅甸也有。

园林应用：可孤植观赏或三五成丛点缀于园林小品或园林绿地中。

知识拓展：果实入药。

棣棠花

蔷薇科棣棠花属

学名：*Kerria japonica* (Linn.) DC.

别名：棣棠、大水莓

形态特征：灌木，高 0.5 ~ 2 米；枝条有细棱，无毛。叶卵状椭圆形至卵状披针形，顶端渐尖至尾状渐尖，边缘有重锯齿，齿端刚毛状。花瓣金黄色，卵圆形，端凹。瘦果近圆形，直径约 4 毫米。花期 4 ~ 9 月。果期 7 ~ 11 月。

习性及分布：喜半荫，喜温暖、湿润的环境，稍耐寒；喜疏松、肥沃的砂质土壤。分布于广东、湖南、河南、云南、四川、浙江、江苏、陕西和甘肃等地。日本也有。

园林应用：枝叶翠绿，金花满树。可栽于墙隅；或作花篱、花径；也可盆栽观赏。

知识拓展：同属植物重瓣棣棠花 *Kerria japonica* f. *pleniflora* (Witte) Rehd. 习性与用途同棣棠花。

1. 棣棠花
2 ~ 4. 重瓣棣棠花

月季花

蔷薇科蔷薇属

学名：*Rosa chinensis* Jacq.

别名：月季、月月红

形态特征：常绿灌木，高 1 ~ 2 米；枝条皮刺横出或稍下弯。羽状复叶有小叶 3 ~ 7 片；小叶阔卵形、椭圆形至卵状披针形。花单朵或数朵顶生，红色至粉红色，稀白色；花瓣为重瓣，形状大小变异大。果梨形至近球形，直径 1.5 ~ 2 厘米，橙黄色。花期 5 ~ 9 月。

习性及分布：不耐严寒，忌高温，耐旱；喜富含有机质、排水良好的微酸性砂质土壤。原产于我国。

园林应用：布置于花坛、花境、庭院；可制作盆景；作切花、花篮、花束等。

知识拓展：花为香水原料、食品调料、薰茶香料；根、叶、花均可入药。同属植物当代月季 *Rosa hybrida* hort. ex Lavall, e, nom. nud.、藤本月季习性与用途同月季花。

1 ~ 2. 月季花
3. 当代月季
4. 藤本月季

重瓣郁李

蔷薇科樱属

学名：*Cerasus japonica* var. *kerii* Koehne

别名：郁李

形态特征：落叶灌木，高约 1.5 米；枝条灰褐色，散生突起小皮孔。叶卵形至卵状披针形，边缘具腺齿，早落。花叶同时开放，花 2 ～ 3 朵，腋生；重瓣，花瓣白色至粉红色，倒卵形。核果近球形，直径约 1 厘米，暗红色。花期春季。

习性及分布：喜光，耐寒；喜疏松、肥沃的土壤。分布于华北、华东、华南。日本也有。

园林应用：宜丛植于草坪、山石旁、林缘、建筑物前；也可作花篱栽植。

知识拓展：栽培品种多，变异大，花还有单瓣和重瓣，叶形也有变为长圆披针形；子仁供药用。

光荚含羞草

豆科含羞草属

学名：*Mimosa bimucronata* (DC.) Kuntze
别名：簕仔树

形态特征：落叶灌木，高 3 ～ 6 米；小枝有刺。二回羽状复叶，羽片 6 ～ 7 对，长 2 ～ 6 厘米，叶轴无刺，被短柔毛，小叶 16 ～ 24 对，线形。头状花序球形；花白色。荚果带状，劲直，长 3.5 ～ 4.5 厘米，宽约 6 毫米，通常有 5 ～ 7 个荚节，成熟时荚节脱落而残留荚缘。

习性及分布：喜温暖、湿润的气候；对土壤要求不严。原产于美洲热带地区。

园林应用：头状花序球形，洁白芳香，朵朵密集，如雪似絮，蔚为壮观。用作绿篱。

知识拓展：该种适应性强，生长迅速，在局部地区已成为不可控制的入侵种。

珍珠相思树

豆科相思树属

学名：*Acacia podalyriifolia* A. Cunn. ex G. Don

别名：珍珠金合欢、银叶金合欢

形态特征：常绿灌木或小乔木，高 2 ~ 4 米；树干分枝低，主干不甚明显，树皮灰绿色，薄而平滑。叶表面被白粉，呈灰绿至银白色，通常为宽卵形或椭圆形；长 2 ~ 3 厘米，宽 1.5 厘米左右，先端具尾状钩，基部圆形；花为总状花序，果为荚果，长 6 ~ 10 厘米，宽 2 厘米，扁平。花期 1 ~ 3 月。果期 3 ~ 4 月。

习性及分布：喜光，喜暖热的气候，耐半荫，稍耐寒；喜疏松、肥沃的土壤。原产澳大利亚。

园林应用：叶色灰白，花黄色，繁多，盛花期一片金黄色。作园景树。

朱缨花

豆科朱缨花属

学名：*Calliandra haematocephala* Hassk.

别名：红绒球、美蕊花、美洲合欢

形态特征：落叶灌木或小乔木，高 1 ～ 3 米；枝条扩展，小枝圆柱形，褐色，粗糙。二回羽状复叶；羽片 1 对，小叶 7 ～ 9 对，斜披针形，基部偏斜。头状花序腋生，有花约 25 ～ 40 朵；雄蕊露于花冠之外，非常显著。荚果线状倒披针形。花期 8 ～ 9 月。果期 10 ～ 11 月。

习性及分布：喜光，喜温暖、湿润的气候，不耐寒；喜肥沃、排水良好的酸性土壤。原产于美洲热带和亚热带。

园林应用：树形姿势优美，叶形雅致，盛夏绒花满树。作庭荫树、园景树；种植于林缘、房前、草坪、山坡等地。

翅荚决明

豆科决明属

学名：*Senna alata* (L.) Roxb.

别名：有翅决明、对叶豆

形态特征：直立灌木，高 1.5 ～ 3 米。在靠腹面的叶柄和叶轴上有二条纵棱条，有狭翅；小叶 6 ～ 12 对，倒卵状长圆形或长圆形。花序顶生和腋生，单生或分枝；花瓣黄色，有明显的紫色脉纹。荚果长带状，每果瓣的中央顶部有直贯至基部的翅，翅纸质。花期 11 月至翌年 1 月。果期 12 月至翌年 2 月。

习性及分布：喜光，耐半荫，喜高温、湿润的气候，耐旱，耐贫瘠，不耐寒。原产于美洲热带地区。

园林应用：金黄的花，亮丽壮观。可丛植、片植于庭园、林缘、路旁、湖边；也可布置花坛、花境。

双荚决明

豆科决明属

学名：*Senna bicapsularis* (L.) Roxb.

别名：**双荚槐、腊肠仔树**

形态特征：直立灌木，多分枝。羽状复叶，有小叶 3 ~ 4 对，小叶倒卵形或倒卵状长圆形。总状花序生于枝条顶端的叶腋间，常集成伞房花序状；花鲜黄色，直径约 2 厘米。荚果圆柱状，直或微曲。花期 10 ~ 11 月。果期 11 月至翌年 3 月。

习性及分布：喜光，不耐寒，耐旱，耐瘠薄；喜微酸性的砖红壤。分布于广东、广西、海南、台湾、香港、澳门。

园林应用：开花结果早，花期长，花色艳丽迷人。可丛植或列植作绿篱；也可作庭园绿化；盆栽观赏。

知识拓展：同属植物黄槐决明 *Senna surattensis* (Burm. f.) H. S. Irwin et Barneby、伞房决明 *Senna corymbosa* (Lam.)H.S.Irwin & Barneby 习性与用途同双荚决明。

1 ~ 3. 双荚决明
4. 黄槐决明
5. 伞房决明

紫荆

豆科紫荆属

学名：*Cercis chinensis* Bunge

别名：裸枝树、箩筐树

形态特征：乔木，高可达15米，栽培后常为灌木；树皮灰色，有多数皮孔。单叶，互生，近圆形，基部心形。花先叶开放；10数朵至多数，簇生在老枝上；花冠蝶形，紫红色，花瓣5片，离生，大小不一。荚果带形，扁平，长4～14厘米。花期4～5月。果期6～9月。

习性及分布：喜光，稍耐荫，不耐湿，耐寒；喜肥沃、排水良好的土壤。分布于我国西南、中南、华东、华北。

园林应用：宜栽于庭院、草坪、岩石及建筑物前；用于小区的园林绿化，具有很好的观赏效果。

知识拓展：树皮、花梗入药。

美丽胡枝子

豆科胡枝子属

学名：*Lespedeza thunbergii* subsp. *formosa* (Vogel) H. Ohashi

别名：毛胡枝子、马扫帚

形态特征：直立灌木，高 1 ～ 2 米。小叶 3 片，密被短伏毛。总状花序较叶长，腋生，或在枝端形成圆锥状；花冠紫色，花盛开时旗瓣较龙骨瓣短。荚果斜卵形或长圆形，顶端具短喙。花果期 6 ～ 11 月。

习性及分布：耐旱，耐高温，耐贫瘠，耐荫。分布于华北、华东、西南至广东、广西。朝鲜、日本也有。

园林应用：花色艳丽，是良好的水土保持植物，用作观花灌木或作为护坡地被。

知识拓展：根入药；茎叶可作饲料。同属植物白花胡枝子、胡枝子 *Lespedeza bicolor* Turcz. 习性与用途同美丽胡枝子。

1

2

3

4

5

1 ～ 3. 美丽胡枝子
4. 白花胡枝子
5. 胡枝子

白灰毛豆

学名：*Tephrosia candida* DC.

别名：短萼灰叶、白花灰叶

豆科灰毛豆属

形态特征：灌木状草本，高 1 ～ 3.5 米。茎木质化，具纵棱。羽状复叶，小叶 8 ～ 12 对，长圆形，上面无毛，下面密被平伏绢毛。总状花序顶生或侧生，疏散多花；花冠白色、淡黄色或淡红色，旗瓣外面密被白色绢毛，翼瓣和龙骨瓣无毛。荚果直，线形，密被褐色长短混杂细茸毛。花期 10 ～ 11 月。果期 12 月。

习性及分布：喜温暖、湿润的气候，耐旱，耐瘠薄，不耐寒；喜疏松、肥沃的土壤。原产印度东部和马来半岛。

园林应用：花期长，适合道路两旁边坡的景观栽培，也可布置花坛。

知识拓展：同科植物木豆 *Cajanus cajan* (L.) Millsp.、河北木蓝 *Indigofera bungeana* Walp. 习性与用途同白灰毛豆。

2

1

3

1～3. 白灰毛豆
4～6. 河北木蓝
7～9. 木豆

锦鸡儿

豆科锦鸡儿属

学名：*Caragana sinica* (Buc' hoz) Rehd.

别名：白茶花根、大绣花针

形态特征：灌木，高1～2米。树皮深褐色；小枝有棱，无毛。托叶三角形，硬化成针刺；叶轴脱落或硬化成针刺。小叶2对，羽状，有时假掌状。花单生；花冠黄色，常带红色。荚果圆筒状。花期4～5月。果期7月。

习性及分布：喜光，耐旱，耐瘠薄，忌湿涝；喜肥沃、湿润的砂质土壤。分布于我国长江流域及华北地区。

园林应用：应用于花坛、花境；或制成盆景观赏。

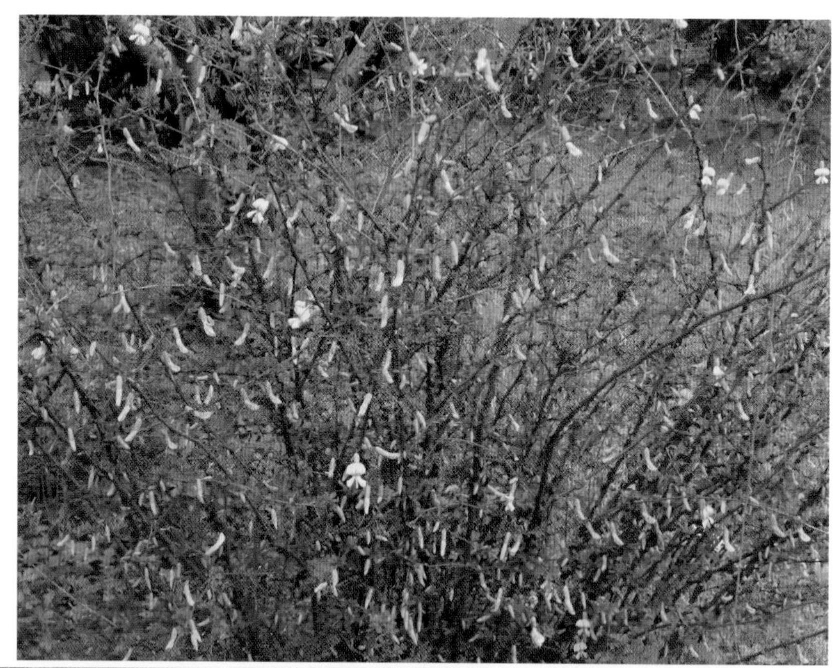

石海椒

亚麻科石海椒属

学名：*Reinwardtia indica* Dum.

别名：迎春柳、黄亚麻

形态特征：常绿灌木或亚灌木。单叶，互生，椭圆形或倒卵状椭圆形。花黄色，单生或数朵簇生成聚伞花序状的花簇，腋生或顶生；花瓣5片，下部连合成筒状。果为蒴果，球形。花果期4～12月。

习性及分布：喜光，喜温暖、通风良好的环境，不耐寒；喜肥沃、排水良好的土壤。分布于印度尼西亚、印度、越南至我国西南部和中部。

园林应用：花黄色，美丽。作绿篱观赏，也可用于岩石园，是立体绿化的好材料。

知识拓展：嫩枝、叶供药用。

九里香

芸香科九里香属

学名：*Murraya paniculata* (L.) Jack

别名：千里香、十里香

形态特征：灌木，高 1 ～ 3 米。叶互生，羽状复叶有小叶 5 ～ 9 片；小叶片互生，薄革质，倒卵状椭圆形，基部楔形，有时两侧不等。花序腋生或顶生，通常有花 10 朵以上；花白色，有浓烈香气。果卵形至纺锤形，朱红色。花期 4 ～ 8 月。果期 9 ～ 12 月。

习性及分布：喜光，喜温暖的环境，稍耐寒；喜砂质土壤。分布于广东、广西、台湾。

园林应用：树姿秀雅，枝干苍劲，四季常青，开花洁白而芳香。用作绿篱；是优良的盆景材料。

四季橘

芸香科金橘属

学名：*Citrus* × *microcarpa* Bunge

别名：四季桔、金桔

形态特征：常绿灌木或小乔木，枝叶稠密；多分枝，有刺或无刺。叶色深绿，叶缘有波浪状钝齿，翼叶狭小。花洁白芳香，一年开花多次。果实橘黄色，圆形或扁圆形。

习性及分布：喜光，喜温暖、湿润的环境，忌干旱；喜肥沃、排水良好的微酸性土壤。

园林应用：果实橘黄色，观赏效果极佳。可制作盆景；或栽植于庭院。

香橼

芸香科柑橘属

学名：*Citrus medica* Linn.

别名：香圆、香橼果

形态特征：灌木，高3～4米；刺较少或近无刺。叶椭圆形，边缘有不明显的钝齿。总状花序或花单朵至2朵腋生，花蕾和花瓣外面带紫红色。果椭圆形或卵形，向两端渐狭或顶端狭且有明显的突尖头，黄色。花期4月。果期9～11月。

习性及分布：喜温暖的环境，耐荫，忌热；喜疏松、肥沃、排水良好的微酸性土壤。热带、亚热带地区都有栽培。

园林应用：用作庭园树；也可盆栽观赏。

知识拓展：同属植物柠檬 *Citrus limon* (L.) Osbeck、佛手 *Citrus medica* var. *sarcodactylis* (Noot.) Swingle 习性与用途同香橼。

1～3. 香橼
4～7. 柠檬
8. 佛手

琉球花椒

芸香科花椒属

学名：*Zanthoxylum beecheyanum* K. Koch

别名：胡椒木

形态特征：灌木或小乔木，高2～8米。奇数羽状复叶互生，有小叶4～9对，叶轴具狭翅；小叶革质，长圆形或倒卵状长圆形，先端微缺，小叶柄极短。花序腋生，与叶同出；花小，紫红色。核果球形，直径约6毫米，成熟时红色，先端细尖。

习性及分布：喜光，耐热，耐寒，耐旱，不耐水涝；喜肥沃的砂质壤土。原产于台湾。

园林应用：用作绿篱、花坛。

鸡爪榕

芸香科洋茱萸属

学名：*Euodia suaveolens* var. *ridleyi* (Hochr.) Bakh. f.

别名：黄金三叉虎

形态特征：常绿灌木。三出复叶，叶对生；叶柄细长，小叶狭披针形或线状披针形，先端钝，叶色终年金黄。小花淡绿色。

习性及分布：喜温暖、湿润的气候，不耐寒；喜疏松、肥沃的土壤。原产于东南亚。

园林应用：做庭园美化、绿篱、盆栽，还可修剪成球形、塔形或伞形。

米仔兰

楝科米仔兰属

学名：*Aglaia odorata* Lour.

别名：碎米兰、米兰

形态特征：灌木或小乔木；茎多分枝。叶互生，总轴和叶柄具狭翅；小叶 3 ～ 5 片，对生，纸质，倒卵形至长椭圆形；小叶几无柄。圆锥花序腋生；花小，黄色，极香，直径约 2 毫米。浆果卵形或近球形，朱红色，长约 1 厘米。花期春、夏、秋季。

习性及分布：喜光，喜温暖的气候，忌严寒，忌强光，稍耐荫；喜肥沃、排水良好的土壤。分布于广东、广西、贵州、四川。

园林应用：花芳香，是一种很受欢迎的花卉。常盆栽或栽培于庭园供观赏；也作绿篱。

知识拓展：木材纹理细致，可供雕刻、农具、家具等用；花可薰茶或提取芳香油。

金英

金虎尾科金英属

学名：*Thryallis gracilis* O. Kuntze

别名：黄花金虎尾

形态特征：灌木，高 1 ～ 2 米；枝柔弱，淡褐色。叶对生，膜质，长圆形或椭圆状长圆形；托叶针状。总状花序顶生，花序轴被红褐色柔毛；苞片宿存；萼片卵圆形；花瓣黄色，长圆状椭圆形。蒴果球形。花期 8 ～ 9 月。果期 10 ～ 11 月。

习性及分布：喜高温、多湿的环境，不耐寒；对土壤要求不严。原产于美洲热带地区。

园林应用：应用于花坛、花境；或盆栽观赏。

瘤腺叶下珠

大戟科叶下珠属

学名：*Phyllanthus myrtifolius* (Wight) Müll.Arg.

别名：锡兰桃金娘、锡兰叶下珠

形态特征：灌木，高约50厘米；枝条圆柱形。叶片革质，倒披针形。花雌雄同株，数朵簇生于叶腋。蒴果扁球形，长2毫米，直径约3毫米。

习性及分布：喜温暖、湿润的气候；喜疏松、肥沃的土壤。原产于斯里兰卡。

园林应用：应用于花坛、花境。

彩叶山漆茎

大戟科黑面神属

学名：*Breynia nivosa* 'Roseo-Picta'

别名：五彩龙、五彩九芎

形态特征：多年生常绿灌木，株高 50 ~ 120 厘米，枝条柔软。单叶二列状互生，叶椭圆形或倒卵形，全缘；幼叶有红、白色不规则斑纹，老叶绿色或白斑镶嵌。花小，雌雄同株，无花瓣，颜色为鲜红至暗红色。浆果，圆球形。

习性及分布：喜光，日照越强，叶色彩越明艳，不耐寒。原产于台湾岛、南洋群岛、西印度群岛。

园林应用：盆栽观赏，园艺造景，或用作庭院绿篱。

蓖麻

大戟科蓖麻属

学名：*Ricinus communis* Linn.

别名：八麻子、蓖麻根、红蓖麻

形态特征：灌木或小乔木；茎中空，幼时外部密被白粉。叶大，圆形，掌状深裂。花序为圆锥花序。蒴果长圆形，通常具软刺。花期 5 ～ 8 月，果期 7 ～ 10 月。

习性及分布：喜光，喜温暖的气候；喜肥沃、排水良好的砂质土壤。原产于非洲。

园林应用：可地栽或盆栽观赏。

知识拓展：种仁含油量可高达 70%，是重要工业用油原料，可作优良润滑油及印刷用油；可制肥皂；在医药上还可作缓泻剂；根、叶、种子均可入药。

红穗铁苋菜

大戟科铁苋菜属

学名：*Acalypha hispida* Burm.f.

别名：狗尾红、刺毛铁苋

形态特征：灌木，高 0.5 ~ 3 米；嫩枝被灰色短茸毛。叶纸质，阔卵形或卵形，基部阔楔形、圆钝或微心形。雌雄异株；雌花序腋生，穗状；雌花苞片卵状菱形，散生，苞腋具雌花 3 ~ 7 朵，簇生；雌花近卵形，长约 0.8 毫米；雄花序未见。蒴果未见。花期 2 ~ 11 月。

习性及分布：喜光，喜温暖、湿润的环境，不耐寒；喜肥沃的土壤。原产于太平洋岛屿。

园林应用：花序色泽鲜艳，柔荑花序下垂，如狐狸尾状。应用于花坛、花境；或庭院内栽培。

红桑

大戟科铁苋菜属

学名：*Acalypha wilkesiana* Muell. Arg.
别名：三色铁苋菜、红叶桑

形态特征：灌木，高 1 ~ 4 米；嫩枝被短毛。叶纸质，阔卵形，古铜绿色或浅红色，常有不规则的红色或紫色斑块，边缘具粗圆锯齿。雌雄同株，通常雌雄花异序，雄花序长 10 ~ 20 厘米，排成团伞花序；雌花序长 5 ~ 10 厘米，苞腋具雌花 1 ~ 2 朵。蒴果直径约 4 毫米。花期几全年。

习性及分布：喜光，喜温暖的环境，不耐寒，不耐湿；喜疏松、排水良好的土壤。原产于南洋群岛。

园林应用：用作庭院、公园的绿篱和观叶灌木；可配置在灌木丛中点缀色彩；或盆栽室内观赏。

变叶木

大戟科变叶木属

学名：*Codiaeum variegatum* (L.) Rumph. ex A.Juss.
别名：洒金榕、花叶变叶木

形态特征：直立分枝灌木，高 1 ~ 5 米。叶近薄革质至革质，形状和颜色变化很大，条形、条状长圆形、披针形、倒披针形、椭圆形、卵状长圆形、倒卵状长圆形或匙形，绿色或淡绿色，常间以黄色、白色或红色斑彩或斑点。花淡黄色或浅绿色，排成腋生的总状花序。蒴果近圆球形。花期 6 ~ 9 月。

习性及分布：喜光，喜高温、湿润的环境，不耐寒；喜肥沃、保水性强的黏质壤土。原产于印度尼西亚至澳大利亚。

园林应用：色彩、姿态优美，叶形、叶色多变，用于公园、绿地和庭园美化，其枝叶是插花理想的配叶材料。

知识拓展：乳汁有毒。

琴叶珊瑚

大戟科麻风树属

学名：*Jatropha integerrima* Jacq.

别名：变叶珊瑚花、琴叶樱

形态特征：常绿灌木。单叶互生，倒阔披针形，常丛生于枝条顶端，近基部叶缘常具数枚疏生尖齿。雌雄异株；聚伞花序顶生；萼裂片5；花单性，红色，花瓣长椭圆形，具花盘；雌花较雄花稍大，子房无毛。

习性及分布：喜光，喜高温、高湿的环境，忌寒，不耐旱，耐半荫；喜疏松、富含有机质的酸性砂质土壤。原产于西印度群岛。

园林应用：庭园常见的观赏花卉，被广泛应用于景观上。适合庭植或大型盆栽。

佛肚树

大戟科麻风树属

学名：*Jatropha podagrica* Hook.

别名：大头海棠、独脚莲

形态特征：灌木，高 49 ～ 100 厘米，茎直立，近基部极膨大，有叉状的刺。叶丛生于茎顶，盾状，近圆形，边缘 3 ～ 5 裂或不分裂。花红色，排成顶生的聚伞花序，花瓣 6 片。蒴果椭圆形。花期 10 月。

习性及分布：喜光，喜高温、高湿的环境，忌寒；喜疏松、肥沃的土壤。原产于美洲中部。

园林应用：株形奇特，栽培容易，是室内盆栽的优良花卉；也用作庭园树。

知识拓展：全株入药；有毒。

红背桂

大戟科海漆属

学名：*Excoecaria cochinchinensis* Lour.

别名：红背桂花、红紫木、箭毒木

形态特征：灌木，高 1 ~ 2 米。叶对生，极少轮生或互生；纸质，通常狭长圆形至长圆形。花雌雄异株，排成近于顶生的穗状花序；雄花序长 1 ~ 2 厘米，雌花序由数朵花组成。蒴果圆球形。花期春季至夏季。

习性及分布：不耐旱，稍耐寒，耐半荫，忌阳光暴晒；喜肥沃、排水良好的砂质土壤。原产于中南半岛及我国南部。

园林应用：枝叶飘洒，清新秀丽。用于庭园、公园、居住小区绿化；盆栽常布置于室内厅堂、居室。

铁海棠

大戟科大戟属

学名：*Euphorbia milii* Ch. des Moulins

别名：虎刺、虎刺梅、霸王鞭

形态特征：直立或稍攀援状灌木，高可达1米；茎粗厚，稍肉质，有纵棱；疏生硬而锥尖的刺，5行排列于茎的纵棱上。叶通常生于嫩枝上，倒卵形或长圆状匙形。花序2～4枚生于枝顶，排列成有花序梗的二歧聚伞花序。蒴果扁球形。花期全年。

习性及分布：喜光，喜温暖、湿润的环境，稍耐荫，耐高温，较耐旱，不耐寒；喜疏松、排水良好的腐叶土。原产于马达加斯加岛。

园林应用：为美丽的观赏植物，其鲜红色的苞片，常被误认为花瓣。盆栽观赏。

知识拓展：同属植物虎刺梅 *Euphorbia milii* var. *splendens* (Bojer ex Hook.) Ursch & Leandri 习性与用途同铁海棠。

1～2. 铁海棠
3～4. 虎刺梅

一品红

大戟科大戟属

学名：*Euphorbia pulcherrima* Willd. ex Klotzsch

别名：猩猩木、老来娇、圣诞花

形态特征：灌木，高可达 4 米，茎光滑。叶互生，卵状椭圆形、长椭圆形或披针形，生于下部的叶为绿色；生于枝顶的叶开花时呈朱红色。花序多数，总苞坛状，淡绿色，直径约 8 毫米，边缘齿状分裂，有 1 ~ 2 个大而黄色的杯状腺体，无花瓣状附片，雄花多数。花期 11 ~ 12 月。

习性及分布：喜光，喜温暖的气候，不耐寒；喜疏松、肥沃、排水良好的土壤。原产于墨西哥和中美洲。

园林应用：颜色鲜艳，观赏期长，具有良好的观赏效果。适宜盆栽观赏或作切花；或作庭园观赏。

知识拓展：茎、叶供药用。

黄 杨

黄杨科黄杨属

学名：*Buxus sinica* (Rehd. et Wils.) M. Cheng

别名：千年矮、瓜子黄杨

形态特征：灌木或小乔木，高 1 ～ 6 米；老枝圆柱形，粗糙，灰白色；小枝四棱形，被短柔毛。叶革质，阔倒卵形、倒卵形或倒卵状椭圆形，顶端圆或钝，不凹或微凹。头状花序腋生或着生于枝端。蒴果近球形。花果期 3 ～ 6 月。

习性及分布：喜光，喜温暖、湿润的气候，耐荫，耐寒；喜疏松、肥沃的土壤。分布于我国中部和北部。

园林应用：应用于花坛，用作绿篱；盆栽供观赏。

知识拓展：木材坚硬致密，供雕刻等用；根及叶可入药。同属植物雀舌黄杨 *Buxus bodinieri* Lévl.、匙叶黄杨 *Buxus harlandii* Hanelt 习性与用途同黄杨。

1. 黄杨
2 ～ 3. 雀舌黄杨
4. 匙叶黄杨

枸骨

冬青科冬青属

学名：*Ilex cornuta* Lindl. et Paxt.

别名：猫儿刺、八角刺、百鸟不停

形态特征：灌木或小乔木，高 1 ~ 3 米。叶硬革质，长圆状方形、长圆形或倒卵状长圆形，顶端尖而有硬刺，边缘中部以上常有硬刺 1 ~ 3 个。花簇生于 2 年生枝上，腋生，4 数。果实球形，直径 1 ~ 1.2 厘米，熟时红色。花期 5 月。果期 8 月至翌年 2 月。

习性及分布：喜光，耐荫，耐旱，耐寒，不耐盐碱；喜肥沃的酸性土壤。分布于长江流域。

园林应用：株形紧凑，叶形奇特，碧绿光亮，四季常青，入秋后红果满枝，经冬不凋。是优良的观叶、观果树种，用作园景树。

知识拓展：叶及果实供药用；种子可榨油，供制肥皂。同属植物无刺枸骨 *Ilex cornuta* 'Fortunei' 习性与用途同枸骨。

1 ~ 3. 枸骨
4 ~ 5. 无刺枸骨

龟甲冬青

冬青科冬青属

学名：*Ilex crenata* ‘Convexa’ Makino.

别名：豆瓣冬青、龟背冬青

形态特征：常绿灌木，钝齿冬青的变种，多分枝，小枝有灰色细毛。叶小而密，叶面凸起，厚革质，椭圆形至长倒卵形。花黄绿色。果球形，黑色。

习性及分布：喜光，喜温暖的气候，稍耐荫，较耐寒；喜肥沃的微酸性黄壤。分布于长江下游至华南、华东、华北地区。

园林应用：枝干苍劲古朴，叶子密集浓绿。可作为地被；也可应用于花坛、树坛，亦可盆栽。

冬青卫矛

卫矛科卫矛属

学名：*Euonymus japonicus* Thunb.

别名：大叶黄杨、四季青

形态特征：常绿灌木或小乔木，高达 5 米；小枝近圆柱形；冬芽纺锤形。叶革质，倒卵形、椭圆形或狭椭圆形。聚伞花序疏散，一至二回二歧分枝，每花序有花 5 ~ 12 朵，花绿白色；花瓣 4 片，近圆形。蒴果扁球形，4 浅沟，直径 8 ~ 10 毫米。种子有橙红色假种皮。

习性及分布：喜光，喜温暖、湿润的环境，耐荫，较耐寒；喜疏松、肥沃的土壤。原产于日本。

园林应用：为庭院、路边常见绿篱树种，可应用于门旁、道边；也应用于花坛。

知识拓展：树皮药用。园艺品种金边冬青卫矛 *Euonymus japonicus* 'Aureo-marginatus' 习性与用途同冬青卫矛。

1 ~ 3. 冬青卫矛
4. 金边冬青卫矛

金铃花

锦葵科苘麻属

学名：*Abutilon pictum* (Gillies ex Hooker) Walp.

别名：风铃花、灯笼花

形态特征：常绿灌木，高达 1.5 米。叶掌状 3 ～ 5 深裂，基部心形，边缘具不规则的粗锯齿。花单生于叶腋，橘黄色，具紫色条纹；花梗长 5 ～ 12 厘米，下垂；花瓣 5 片，倒卵形。果未见。花期 5 ～ 10 月。

习性及分布：喜温暖、湿润的气候，耐半荫，稍耐寒；喜排水良好的肥沃土壤。原产于南美洲的巴西、乌拉圭。

园林应用：花期长，花形花色均有较高的观赏价值。在园林绿地中可丛植或作为绿篱；亦可盆栽观赏。

知识拓展：同科植物垂花悬铃花 *Malvaviscus penduliflorus* DC. 习性与用途同金铃花。

1 ～ 2. 金铃花
3 ～ 4. 垂花悬铃花

紫叶槿

锦葵科木槿属

学名：*Hibiscus acetosella* Welw. ex Ficalho

别名：红叶木槿

形态特征：常绿灌木，高1～3米，全株暗紫红色；枝条直立，长高后弯曲。叶互生，轮廓近宽卵形，长8～10厘米，掌状3～5裂或深裂，裂片边缘有波状疏齿。花单生于枝条上部叶腋，直径8～9厘米；花冠绯红色，有深色脉纹，中心暗紫色，花瓣5片，宽倒卵形。蒴果圆锥形。

习性及分布：喜温暖、湿润的气候。原产于非洲。

园林应用：应用于花园、庭院种植；或盆栽观赏。

木芙蓉

锦葵科木槿属

学名：*Hibiscus mutabilis* Linn.

别名：山芙蓉、白芙蓉、芙蓉花

形态特征：落叶灌木或小乔木，高达 5 米；全株被星状毛，并混生长柔毛。叶阔卵形或阔卵圆形，通常 5 ～ 7 裂。花单生于小枝上部叶腋，直立，初时白色，内面基部浅黄色，后变粉红色至深红色；花瓣 5 片，近圆形。蒴果扁球形，被黄色刚毛和绵毛。花期 8 ～ 11 月。果期 9 ～ 12 月。

习性及分布：喜温暖、湿润的环境，不耐寒，忌干旱，耐水湿；对土壤要求不高。原产于我国湖南。

园林应用：花大色美。可植于庭院、坡地、路边、林缘及建筑前；或栽作花篱。

知识拓展：花、叶药用。其变种重瓣木芙蓉 *Hibiscus mutabilis* f. *plenus* (Andrews) S. Y. Hu 习性与用途同木芙蓉。

1 ～ 3. 木芙蓉
4 ～ 5. 重瓣木芙蓉

朱槿

锦葵科木槿属

学名：*Hibiscus rosa-sinensis* Linn.

别名：扶桑、大红花、扶桑花

形态特征：常绿灌木，高达 3 米。叶阔卵形或长卵形。花单生于枝端叶腋，通常下垂，玫瑰色、粉红色或黄色；花瓣 5 片，阔倒卵形；雄蕊柱长 8 ~ 12 厘米或更长，无毛。蒴果卵形，长 1.5 ~ 2.5 厘米，具喙，无毛。花期几全年。

习性及分布：喜光，喜温暖、湿润的气候，不耐寒；喜疏松、肥沃的土壤。分布于我国南方。

园林应用：花色鲜艳，花大形美，品种繁多，是著名的观赏花木。可作观花绿篱；在南方多散植于池畔、亭前、道旁和墙边。

知识拓展：茎皮纤维可代麻制绳索；根、叶及花入药。同属植物重瓣朱槿 *Hibiscus rosa-sinensis* var. *rubroplenus* Sweet、吊灯扶桑 *Hibiscus schizopetalus* (Masters) Hook. f.、彩叶扶桑习性与用途同朱槿。

1 ~ 2. 朱槿
3. 彩叶扶桑
4. 重瓣朱槿
5. 吊灯扶桑

木槿

锦葵科木槿属

学名：*Hibiscus syriacus* Linn.

别名：白饭花、插篱条、朝开暮落花

形态特征：落叶灌木，高约 2.5 米；小枝被黄色星状茸毛。叶菱形或菱状卵圆形，3 浅裂或不分裂。花单生于枝端叶腋，淡紫色；花瓣 5 片，倒卵形。蒴果卵圆形或长椭圆形。花期 7 ～ 11 月。

习性及分布：喜光，喜温暖、湿润的气候，稍耐荫，耐旱，耐寒；对土壤要求不严。原产于我国中部。

园林应用：可作庭园树；也作绿篱。

知识拓展：茎皮纤维为造纸原料，也可入药。福建民间常用木槿花和米汤煮食。同属植物粉紫重瓣木槿 *Hibiscus syriacus* var. *amplissimus* L. F. Gagnep. 习性与用途同木槿。

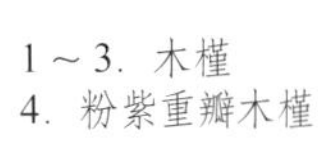

1～3. 木槿
4. 粉紫重瓣木槿

山　茶

山茶科山茶属

学名：*Camellia japonica* Linn.

别名：茶花、红山茶

形态特征：常绿灌木或小乔木。叶厚革质，卵形、椭圆形或倒卵形。花单朵生于叶腋或枝顶，红色或白色；花瓣5～6片，近圆形；雄蕊多数，花丝下部连合并与花瓣基部合生。蒴果近球形，直径约3厘米，平滑；种子近球形或有棱角。花期2～3月。果期9～10月。

习性及分布：喜半荫，喜温暖的气候，忌烈日，耐寒，忌干燥；喜疏松、肥沃的微酸性土壤。原产于中国东部和日本。

园林应用：配置于疏林边缘、假山旁、庭院中；也适于盆栽观赏，置于门厅入口、会议室、公共场所。

知识拓展：山茶花是我国历史悠久的名贵观赏植物，品种极多，花有单瓣和重瓣，色彩有大红、粉红、玫瑰红、白、粉白、红白相间等杂色。木材可作细工及农具等用材。同科植物茶梅 *Camellia sasanqua* Thunb.、杜鹃叶山茶 *Camellia azalea* C. F. Wei、金花茶 *Camellia petelotii* (Merr.) Sealy、大头茶 *Polyspora axillaris* (Roxb. ex Ker Gawl.) Sweet、尖萼红山茶 *Camellia edithae* Hance 习性与用途同山茶。

1～2．山茶
3～4．茶梅
5．杜鹃叶山茶
6．金花茶
7～8．大头茶
9～10．尖萼红山茶

金丝桃

藤黄科金丝桃属

学名：*Hypericum monogynum* Linn.

别名：金丝海棠、土连翘

形态特征：灌木，高可达1米；全株无毛，多分枝。叶对生，长椭圆形或长圆形。花单生或排成顶生的聚伞花序，鲜黄色，直径3～5厘米；宿存花瓣5片，宽倒卵形；雄蕊多数，黄色，5束。蒴果卵圆形。花期4～6月。果期6～8月。

习性及分布：喜半荫的环境，喜湿润的气候，稍耐寒。分布于湖南、河南、四川、台湾、浙江、江苏。日本也有。

园林应用：植株优美，花大而鲜艳，叶秀丽，是南方庭院的常用观赏花木。可植于林荫树下，或者庭院角隅等。

知识拓展：果实为常用的鲜切花材；根、果均可入药。同属植物金丝梅 *Hypericum patulum* Thunb. ex Murray 习性与用途同金丝桃。

1～3. 金丝桃
4. 金丝梅

柽柳

柽柳科柽柳属

学名：*Tamarix chinensis* Lour.

别名：三春柳、山川柳、柽

形态特征：灌木或小乔木，高 4 ～ 5 米；树皮红褐色，小枝下垂。叶鳞片状，卵状披针形或钻形，长 1 ～ 3 毫米。总状花序着生于当年生枝端，常聚生成疏散、略下垂的大型圆锥花丛；花小，粉红色；花瓣 5 片，倒卵形。蒴果狭锥形，长约 3 毫米。花期 7 ～ 9 月。果期 10 月。

习性及分布：喜光，耐旱，耐寒，耐水湿；在黏性土壤、砂质土壤及河边冲积土中均可生长。分布于我国东北、华北地区及长江中下游，南至广东、广西、云南。

园林应用：树姿优美，应用于河边、路边、沟边、庭院等处。

知识拓展：枝条柔韧，可编筐篓；树皮可提取栲胶；嫩枝及叶供药用。

仙人掌

仙人掌科仙人掌属

学名：*Opuntia dillenii* (Ker Gawl.) Haw.

别名：霸王树、观音刺、仙巴掌

形态特征：肉质植物，大灌木状；茎下部木质化，圆柱形；茎节扁平，倒卵形，其余掌状，绿色；刺粗硬，刚直，2 ~ 5 条密生于小窠上，长 1 ~ 3 厘米，锐尖。叶小，钻状，早落。花单生，鲜黄色；花瓣广倒卵形。浆果肉质，倒卵形或梨形，长 5 ~ 8 厘米，无刺，红色或紫色，果肉可食。

习性及分布：喜光，耐热，耐旱，耐瘠薄。原产于美洲。

园林应用：盆栽观赏；栽植于房前屋后。

金边瑞香

瑞香科瑞香属

学名：*Daphne odora* f. *marginata* Makino

别名：瑞香、睡香、露甲

形态特征：常绿直立灌木；枝粗壮，通常二歧分枝。叶互生，纸质，长圆形或倒卵状椭圆形，全缘，上面绿色，下面淡绿色，两面无毛，叶缘有白色条带。花外面淡紫红色，内面肉红色，数朵至12朵组成顶生头状花序。果实红色。花期3～5月。果期7～8月。

习性及分布：喜半荫，喜温暖、湿润的环境；喜疏松、肥沃、富含腐殖质的酸性土壤。分布于中国和中南半岛，日本也有栽培。

园林应用：植株青翠浓绿，终年茂盛。可作庭园树；也可盆栽观赏。

知识拓展：同属植物毛瑞香 *Daphne kiusiana* var. *atrocaulis* (Rehder) Maek. 习性与用途同金边瑞香。

1～2. 金边瑞香
3～5. 毛瑞香

结香

瑞香科结香属

学名：*Edgeworthia chrysantha* Lindl.

别名：黄瑞香、打结花、梦花

形态特征：灌木，高达2米，嫩枝被绢质长柔毛，枝粗壮，有皮孔。叶常簇生于枝顶，纸质，椭圆状长圆形或椭圆状披针形。花排成顶生下垂的头状花序；总苞片披针形；总花梗粗壮，密被长绢毛；花黄色，芳香。花期3～4月。果期7～8月。

习性及分布：喜温暖、湿润的环境，耐寒；喜疏松、肥沃的土壤。分布于广东、四川、湖北、浙江、河南。

园林应用：树冠球形，枝叶美丽。应用于庭园或盆栽观赏。

知识拓展：全株入药；树皮可供造纸和制人造棉；茎叶可作土农药。

散沫花

千屈菜科散沫花属

学名：*Lawsonia inermis* Linn.

别名：**指甲花、柴指甲**

形态特征：大灌木，高 2 ～ 6 米；茎圆柱形，多分枝。叶对生或近对生，上部常互生，纸质，椭圆形至椭圆状长圆形。圆锥花序顶生，花近白色或淡黄色。蒴果扁球形，直径 5 ～ 7 毫米，通常具 4 条凹痕。花期 6 ～ 10 月。果期秋季至冬季。

习性及分布：喜温暖、湿润的环境；喜疏松、肥沃的土壤。原产于东非和东南亚。

园林应用：用作绿篱，也可盆栽观赏。

知识拓展：花极芳香，可提取香油和浸取香膏，用于化妆品；叶可作红色染料；树皮入药。

细叶萼距花

千屈菜科萼距花属

学名：*Cuphea hyssopifolia* Kunth

别名：满天星、雪茄花、水源花

形态特征：矮小多分枝灌木，高 20 ~ 40 厘米。叶小，对生或近对生，狭长圆形至披针形。花单朵，腋生，紫色或紫红色；花瓣 6 片，椭圆形至倒卵状椭圆形。蒴果近长圆形，种子细小，少数，扁圆形。花果期夏季至冬季。

习性及分布：喜光，喜温暖的环境，耐热，不耐寒，耐半荫；喜排水良好的砂质土壤。分布于墨西哥及危地马拉。

园林应用：作地被，是花坛、低矮绿篱的优良材料。

石榴

石榴科石榴属

学名：*Punica granatum* Linn.

别名：**安石榴、海石榴**

形态特征：灌木或小乔木，高 2 ～ 6 米；幼枝常呈四棱形，枝顶端常形成短刺状。叶对生或近簇生，长圆状披针形或倒卵形。花 1 朵至数朵生于小枝顶端；花萼钟形，萼管红色，裂片厚；花瓣红色。浆果近球形，果皮厚，顶端有宿萼；种子多数。花期 5 ～ 6 月。果期 7 ～ 9 月。

习性及分布：喜光，喜温暖的环境，耐旱，耐寒，耐瘠薄，不耐涝；喜排水良好的砂质壤土。原产于亚洲中部。

园林应用：树姿优美，枝叶秀丽，盛夏繁花似锦，色彩鲜艳，秋季累果悬挂。可孤植或丛植于庭院、游园之角；列植于小道、溪旁、坡地、建筑物之旁；也做成各种桩景。

知识拓展：果可食用；根供药用。同属植物重瓣红石榴 *Punica granatum* ‘Pleniflora’ Hayne、白石榴 *Punica granatum* ‘Albescens’ DC. 习性与用途同石榴。

1 ～ 3. 石榴
4. 重瓣红石榴
5. 白石榴

红枝蒲桃

桃金娘科蒲桃属

学名：*Syzygium rehderianum* Merr. et Perry

别名：红车、大红鳞蒲桃

形态特征：灌木或小乔木，嫩枝红色。叶革质，椭圆形至狭椭圆形，顶端急尖，尖尾长1厘米。聚伞花序腋生或生于枝顶叶腋内，常有5～6条分枝，分枝顶端有无梗的花3朵。果长圆形，长1.5～2厘米，直径约1厘米。花期6～8月。

习性及分布：喜光，喜温暖、湿润的环境，不耐寒；喜深厚、肥沃的土壤。分布于广东、广西、福建。

园林应用：树干通直，树姿优美，嫩叶鲜艳，为优良的园景树、庭园树。

桃金娘

桃金娘科桃金娘属

学名：*Rhodomyrtus tomentosa* (Ait.) Hassk.

别名：稔子、山稔、岗稔

形态特征：灌木，高1～2米或较矮小；幼枝密被柔毛。叶革质，椭圆形或倒卵形，下面被灰白色短茸毛，离基3出脉。花1～3朵排成腋生聚伞花序，花紫红色，花瓣5片，倒卵状长圆形。浆果卵状壶形，直径1～1.4厘米，暗紫色。花期夏秋季。

习性及分布：喜温暖、湿润的气候，耐旱，不耐寒；喜疏松的酸性土壤。分布于广东、广西、云南、福建、湖南、台湾。斯里兰卡、印度、中南半岛、菲律宾、日本南部也有。

园林应用：株形紧凑，四季常青，花先白后红，红白相映，十分艳丽。可丛植、片植或孤植点缀绿地；也制作盆景观赏。

知识拓展：果可食，也可酿酒、制果酱；根含黄红色单宁；全株入药。

南美稔

桃金娘科野凤榴属

学名：*Acca sellowiana* (O.Berg) Burret

别名：菲油果

形态特征：常绿灌木或小乔木，高约5米，枝圆柱形，有灰褐色毛。叶革质，椭圆形或倒卵状椭圆形，下面灰白色。雄蕊与花柱略红色。浆果卵圆形或长圆形，直径约1.5厘米，外被灰白色茸毛，顶部有宿萼。

习性及分布：喜温暖、湿润的气候，不耐寒；喜疏松、肥沃的土壤。原产于南美的巴西、巴拉圭、乌拉圭和阿根廷。

园林应用：应用于花坛、庭院；或作绿篱。

知识拓展：果实与花瓣可食。

嘉宝果

桃金娘科树番樱属

学名：*Plinia cauliflora* (Mart.) Kausel

别名：树葡萄、巴西葡萄树

形态特征：常绿灌木；树皮浅灰褐色，呈薄片状脱落，脱落后留下亮色斑纹。叶对生，革质，披针形或椭圆形。花簇生于主干和主枝上，花小，白色。小幼果簇生，从青变红再变紫，最后成紫黑色，一年可多次开花结果，在同一株树上果中有花，花中有果。

习性及分布：喜光，喜温暖的环境，不耐寒；喜深厚、肥沃、排水良好的微酸性土壤。原产于台湾。

园林应用：树姿优美，枝叶浓绿茂盛。可栽植庭院观赏或盆栽观赏。

知识拓展：果实可鲜食，亦可加工为水果酒、果汁。

松红梅

桃金娘科鱼柳梅属

学名：*Leptospermum scoparium* J.R.Forst. & G.Forst.

别名：澳洲茶、扫帚叶澳洲茶

形态特征：株高约 2 米，分枝繁茂，枝条红褐色。叶互生，线状或线状披针形。花有单瓣、重瓣，花色有红、粉红、桃红、白等颜色，花朵直径 0.5 ~ 2.5 厘米。蒴果革质，成熟时先端裂开。花期晚秋至春末。

习性及分布：喜光，喜温暖的环境，稍耐寒；喜深厚、肥沃、排水良好的土壤。原产于新西兰、澳大利亚等地。

园林应用：树姿优美，花色艳丽。可栽植庭院观赏或盆栽观赏。

地 棯

野牡丹科野牡丹属

学名：*Melastoma dodecandrum* Lour.

别名：铺地锦、地罐子、地脚

形态特征：披散或匍匐状亚灌木，茎分枝，下部伏地。叶对生，坚纸质，椭圆形或卵形，基生脉 3 ～ 5 条。花 1 ～ 3 朵生于枝顶，紫红色；花瓣倒卵形，雄蕊 10 枚。果坛状球形，截平，近顶端略缢缩。花期 5 ～ 8 月。果期 7 ～ 11 月。

习性及分布：喜温暖、湿润的气候，耐旱，耐瘠薄，耐荫；对土壤要求不严。分布于广东、广西、湖南、贵州、浙江。越南也有。

园林应用：耐践踏，应用于坡地绿化。

知识拓展：果可食，也可酿酒；全株供药用。

巴西野牡丹

野牡丹科蒂牡花属

学名：*Tibouchina semidecandra* Cogn.

别名：蒂牡花

形态特征：常绿小灌木；枝条红褐色。叶对生，长椭圆至披针形，3 ~ 5 出脉。花顶生，大型，5 瓣，刚开的花呈深紫色，后呈紫红色，相映成趣；中心的雄蕊白色且上曲，雄蕊明显比雌蕊伸长膨大。蒴果坛状球形。花期全年，5 月至翌年 1 月为盛花期。

习性及分布：喜高温的环境，耐旱，不耐寒；喜疏松、肥沃的土壤。原产于巴西。

园林应用：可孤植、片植、丛植，布置花坛、花境。

知识拓展：同科植物野牡丹 *Melastoma malabathricum* L.、线萼金花树 *Blastus apricus* (Hand.-Mazz.) H. L. Li 习性与用途同巴西野牡丹。

1

2

1～3. 巴西野牡丹
4～6. 野牡丹
7～8. 线萼金花树

倒挂金钟

柳叶菜科倒挂金钟属

学名：*Fuchsia hybrida* Hort. ex Siebert & Voss

别名：灯笼花、吊钟海棠、吊钟花

形态特征：半灌木，高 50 ～ 200 厘米。叶对生，卵形或狭卵形。花两性，单一，稀成对生于茎枝顶叶腋，下垂；花管红色，筒状，上部较大；萼片 4，红色；花瓣色多变，紫红色、红色、粉红、白色，排成覆瓦状，宽倒卵形。果紫红色，倒卵状长圆形。花期 4 ～ 12 月。

习性及分布：喜凉爽、湿润的环境，忌高温和强光；喜疏松、肥沃的微酸性土壤。原产于墨西哥。

园林应用：花色艳丽，花形奇特，花期长，观赏性强，是我国常见的盆栽花卉；夏季凉爽地区可地栽布置花坛。

知识拓展：同属植物‘紫红夕阳’纤弱倒挂金钟 *Fuchsia dependens*‘Sunset Fuchsia’习性与用途同倒挂金钟。

1 ～ 2. 倒挂金钟
3 ～ 4. ‘紫红夕阳’纤弱倒挂金钟

八角金盘

五加科八角金盘属

学名：*Fatsia japonica* (Thunb.) Decne. et Planch.

别名：金刚纂、手树

形态特征：常绿灌木或小乔木，高达 5 米；茎粗壮，具半月形叶痕。叶革质，圆形至肾形，基部心形，通常 7 ~ 9 深裂。伞形花序再组成圆锥花序，伞形花序有花多数，花淡白色。果近圆球形，直径约 8 毫米。花期 9 ~ 10 月。果期翌年 4 月。

习性及分布：喜温暖、通风的环境，不耐旱，稍耐寒；喜排水良好、肥沃的微酸性土壤。原产于日本。

园林应用：四季常青，叶片硕大，叶形优美，浓绿光亮。适合配植于庭院、门旁、窗边，群植于草坪边缘及林地；也可盆栽作室内观叶植物。

花叶鹅掌藤

五加科鹅掌柴属

学名：*Schefflera arboricola* ‘Variegata’

别名：鹅掌藤、鸭脚藤

形态特征：藤状灌木。小叶 7 ～ 9 片，革质，倒卵状长圆形或长圆形，叶面具不规则乳黄色至浅黄色斑块。圆锥花序顶生，长 20 厘米以下，主轴和分枝幼时密生星状茸毛，后渐脱落；有花 3 ～ 10 朵。果实卵形，有 5 棱。花期 7 月。果期 8 月。

习性及分布：喜光，喜温暖、湿润的气候，耐荫，稍耐寒，不耐旱。原产于台湾、海南、广西和广东。

园林应用：枝叶柔美，清新宜爽。应用于花坛、庭园；或盆栽观赏。

穗序鹅掌柴

五加科鹅掌柴属

学名：*Schefflera delavayi* (Franch.) Harms ex Diels

别名：假通脱木、大五加皮

形态特征：常绿灌木或乔木，少分枝；茎干上具有明显的鱼鳞状叶痕，茎中空，有白色隔膜。叶为奇数掌状复叶，旋互生于主干上；叶柄长，小叶叶柄长 30 ~ 40 厘米，小叶革质，小叶 7 ~ 9 片。总状花序顶生；小花黄白色。花期 6 ~ 7 月。果期 9 ~ 10 月。

习性及分布：喜半荫的环境，不耐寒；喜富含腐殖质的土壤。分布于云南、四川、贵州、湖南、湖北、江西、福建、广东、广西。

园林应用：叶片宽大，树形别致，四季常青。应用于景观配置，植于假山石缝中构造自然景观；也可盆栽观赏。

花叶青木

山茱萸科桃叶珊瑚属

学名：*Aucuba japonica* 'Variegata'

别名：洒金珊瑚

形态特征：常绿灌木，高可达3米。叶对生，叶片椭圆状卵圆形至长椭圆形，油绿，具光泽，散生大小不等的黄色或淡黄色的斑点。圆锥花序顶生，花小，紫红色或暗紫色。浆果状核果，鲜红色。花期3～4月。果熟期11月至翌年2月。

习性及分布：耐荫，稍耐寒；喜肥沃、排水良好的土壤。原产于日本及我国台湾。

园林应用：优良的耐荫树种，叶片黄绿相映，十分美丽。宜栽植于林下，北方多见盆栽供室内布置厅堂、会场。

知识拓展：同属植物桃叶珊瑚 *Aucuba chinensis* Benth. 习性与用途同花叶青木。

1～2. 花叶青木
3～4. 桃叶珊瑚

红瑞木

山茱萸科山茱萸属

学名：*Cornus alba* L.

别名：红茎木、红柳条、红瑞山茱萸

形态特征：落叶灌木；老干暗红色，枝桠血红色。叶对生，椭圆形。聚伞花序顶生，花乳白色。果实乳白或蓝白色，花期5～6月。果期8～10月。

习性及分布：喜温暖、湿润的环境；喜肥沃、排水良好的土壤。产黑龙江、辽宁、河北、甘肃、山东、江苏。

园林应用：秋叶鲜红，小果洁白，落叶后枝干红艳如珊瑚，是少有的观茎植物。多丛植于草坪；或作切花材料。

西洋杜鹃

杜鹃花科杜鹃花属

学名：*Rhododendron hybridum* Ker Gawl.

别名：**比利时杜鹃、西鹃**

形态特征：常绿灌木，矮小；枝、叶表面疏生柔毛，分枝多。叶互生，卵圆形、长椭圆形，全缘，深绿色。总状花序，花顶生；花冠阔漏斗状，花有半重瓣和重瓣。花期春季。

习性及分布：喜半荫，喜温暖、湿润的环境；喜疏松、肥沃、排水良好的酸性土壤。最早在荷兰、比利时育成。

园林应用：植株低矮，枝干紧密，叶片细小，四季常绿。应用于花坛、花境；还可制作各种风格的树桩盆景。

知识拓展：西洋杜鹃的品种很多，花形大小不一，大的像月季花一般大，小的像石榴花，透亮艳丽，花色多变，具有同株异花、同花多色的特点。花瓣有单瓣、重瓣，姿态各异。

锦绣杜鹃

杜鹃花科杜鹃花属

学名：*Rhododendron* × *pulchrum* Sweet

别名：毛鹃、春鹃、夏鹃

形态特征：半常绿灌木，高 1.5 ～ 2.5 米；枝开展。叶薄革质，椭圆状长圆形，密被棕褐色糙伏毛。伞形花序顶生，有花 1 ～ 5 朵；花冠玫瑰紫色，阔漏斗形。蒴果长圆状卵球形，被刚毛状糙伏毛。花期 4 ～ 5 月。果期 9 ～ 10 月。

习性及分布：喜凉爽、湿润的气候，忌暴晒，耐旱；喜疏松、排水良好的土壤。全国各地广为栽培。

园林应用：应用于花坛、花境；或丛植于林下、溪旁、池畔、岩边、缓坡、陡壁、林缘、草坪；也适宜在庭园之中植于台阶前、庭荫树下。

杜鹃

杜鹃花科杜鹃花属

学名：*Rhododendron simsii* Planch.

别名：映山红、红杜鹃、清明花

形态特征：半常绿灌木，高 1.5 ～ 2 米，多分枝，通常开展。叶薄革质。花 1 ～ 3 朵排成近顶生伞形花序，密被黄褐色长柔毛。花冠阔漏斗形，粉红色或玫瑰紫色，有深色斑点。蒴果长圆状卵圆形，长 8 ～ 10 毫米。花期 2 ～ 4 月。果期 9 ～ 10 月。

习性及分布：喜凉爽、湿润的气候；喜疏松、富含腐殖质的酸性土壤。产于江苏、浙江、福建、台湾、湖南、四川、云南。

园林应用：花冠鲜红，为著名的花卉植物，具有较高的观赏价值，在国内外各公园中均有栽培。同属植物满山红 *Rhododendron mariesii* Hemsl. et Wils.、马银花 *Rhododendron ovatum* (Lindl.) Planch. ex Maxim.、刺毛杜鹃 *Rhododendron championiae* Hook.、云锦杜鹃 *Rhododendron fortunei* Lindl.、弯蒴杜鹃 *Rhododendron henryi* Hance、南岭杜鹃 *Rhododendron levinei* Merr.、猴头杜鹃 *Rhododendron simiarum* Hance、溪畔杜鹃 *Rhododendron rivulare* Hand.-Mazz.、茶绒杜鹃 *Rhododendron apricum* Tam 也具有很高的观赏价值，有待开发。

1. 杜鹃
2. 马银花
3. 溪畔杜鹃
4. 弯蒴杜鹃
5. 南岭杜鹃
6. 猴头杜鹃
7. 刺毛杜鹃
8. 茶绒杜鹃
9. 鹿角杜鹃

2
3
4
5
6
7
8
9

朱砂根

紫金牛科紫金牛属

学名：*Ardisia crenata* Sims

别名：百两金、大罗伞、沿海紫金牛

形态特征：灌木，高 1 ～ 1.5 米。叶革质或近坚纸质，椭圆形、椭圆状披针形至倒披针形，边缘皱波状或具波状齿，具明显的边缘腺点。花排成伞形或聚伞花序；花冠白色而稍带粉红。果球形，成熟时鲜红色。花期 5 ～ 6 月。果期 10 ～ 12 月。

习性及分布：喜温暖、湿润的环境，耐荫，忌干旱；喜肥沃、排水良好的土壤。分布于西藏东南部至台湾。印度尼西亚、印度、日本也有。

园林应用：盆栽观赏；或应用于花坛。

知识拓展：根、叶入药；果可食，亦可榨油，油可制肥皂，根横切面有血红色小点，故名“朱砂根”。同属植物山血丹 *Ardisia lindleyana* D. Dietr.、东方紫金牛 *Ardisia elliptica* Thunb. 习性与用途同朱砂根。

1 ～ 3. 朱砂根
4 ～ 5. 东方紫金牛
6. 山血丹

连翘

木犀科连翘属

学名：*Forsythia suspensa* (Thunb.) Vahl

别名：黄寿丹、大翘子

形态特征：落叶灌木；枝开展或下垂。叶通常为单叶，或 3 裂至三出复叶，叶片卵形、宽卵形或椭圆状卵形至椭圆形。花通常单生或 2 至数朵着生于叶腋，先于叶开放；花冠黄色。果卵球形、卵状椭圆形或长椭圆形。花期 3 ～ 4 月。果期 7 ～ 9 月。

习性及分布：耐寒，耐旱，耐瘠薄；对土壤要求不高。产于河北、山西、陕西、山东。

园林应用：开花时满枝金黄，芬芳四溢，令人赏心悦目，是早春优良观花灌木。作花篱；或应用于花丛、花坛等。

知识拓展：同属植物金钟花 *Forsythia viridissima* Lindl. 习性与用途同连翘。

1 ～ 3. 连翘
4 ～ 6. 金钟花

金森女贞

木犀科女贞属

学名：*Ligustrum japonicum* 'Howardii'

别名：哈娃蒂女贞

形态特征：常绿灌木，高 3 ~ 5 米，无毛；小枝灰褐色或淡灰色，圆柱形，疏生圆形或长圆形皮孔，幼枝圆柱形。叶革质，厚实，有肉感，春季新叶鲜黄色，冬季转为金黄色。圆锥状花序，花白色。果实呈紫色。花期 3 ~ 5 月。

习性及分布：喜光，耐旱，耐寒；喜酸性、中性和微碱性土壤。分布于日本及我国台湾。

园林应用：株形美观，叶色金黄，是优良的绿篱和地被树种。配置于稀疏的树荫下及林荫道旁；应用于花坛、花境。

知识拓展：同属植物花叶金森女贞习性与用途同金森女贞。

1 ~ 3. 金森女贞
4. 花叶金森女贞

小　蜡

木犀科女贞属

学名：*Ligustrum sinense* Lour.

别名：**光叶小蜡、小腊树、小叶女贞**

形态特征：灌木或小乔木，高2～4米；小枝圆柱形。叶纸质或薄革质，卵形、椭圆状卵形。圆锥花序顶生或腋生；花白色；花冠裂片长圆状椭圆形或卵状椭圆形。果近球形。花期3～6月。果期7～9月。

习性及分布：喜光，稍耐荫，较耐寒；对土壤要求不严。分布于广东、广西、四川、湖北、湖南。越南也有。

园林应用：丛植于庭园、林缘、池边、石旁，作绿篱应用；也可作盆景。

知识拓展：果可酿酒，也可药用；种子榨油供制肥皂；茎皮纤维可制人造棉。栽培品种银姬小蜡 *Ligustrum sinense*‘Variegatum’习性与用途同小蜡。

1～4. 小蜡
5. 银姬小蜡

樟叶素馨

木犀科素馨属

学名：*Jasminum cinnamomifolium* Kobuski

别名：金丝藤

形态特征：攀援灌木，高1～4米；小枝圆柱形或具沟纹，直径1～2毫米。单叶，对生，纸质或薄革质，椭圆形或狭椭圆形。花单生，或呈伞状聚伞花序，顶生或腋生，有花1～5朵。果近球形或椭圆形。花期3～9月。果期5～11月。

习性及分布：喜温暖、湿润的气候；喜肥沃的土壤。分布于云南、海南。

园林应用：用于垂直绿化；也可盆栽观赏。

矮探春

木犀科素馨属

学名：*Jasminum humile* L.

别名：小黄素馨、矮苏馨

形态特征：灌木或小乔木，有时攀援，高 0.5 ～ 3 米；小枝有棱。叶互生，复叶，有小叶 3 ～ 7 枚，叶片卵形至卵状披针形。伞房状或圆锥状聚伞花序顶生，有花 1 ～ 10 朵；花多少芳香；花冠黄色，近漏斗状。果椭圆形或球形，成熟时呈紫黑色。花期 4 ～ 7 月。果期 6 ～ 10 月。

习性及分布：喜温暖的环境，稍耐寒，耐旱，忌涝；喜肥沃、排水良好的土壤。分布于西藏、云南、四川、甘肃、山东、广东。

园林应用：应用于花坛、花境。

迎春花

木犀科素馨属

学名：*Jasminum nudiflorum* Lindl.

别名：野迎春、云南黄素馨

形态特征：常绿披散状灌木，高1～3米；幼枝四棱形，无毛。叶对生，三出复叶，小叶近革质，长卵形或长卵状披针形。花单生于叶腋；花冠黄色。花期2～4月。果未见。

习性及分布：喜光，喜温暖、湿润的环境，稍耐寒，耐荫，较耐旱；喜肥沃、排水良好的酸性砂质土壤。原产于我国贵州。

园林应用：枝条长而柔弱，下垂或攀援，碧叶黄花。用作花篱、地被，栽植于堤岸、花坛和阶前边缘；也可盆栽观赏。

知识拓展：全株入药。

茉莉花

木犀科素馨属

学名：*Jasminum sambac* Soland. ex Ait.

别名：末莉、山榴花、岩花

形态特征：灌木；幼枝圆柱形，近节处扁平。单叶，对生，纸质，阔卵形或椭圆形，有时近倒卵形。花常 3 朵组成顶生聚伞花序；花芳香，常重瓣；花萼钟状，稍被短柔毛或无毛，裂片线形；花冠白色。花期春秋两季。果未见。

习性及分布：喜温暖、湿润的气候；喜富含腐殖质的微酸性砂质土壤。原产于印度。

园林应用：叶色翠绿，花色洁白，香味浓厚。为常见庭园及盆栽观赏花卉。

知识拓展：花可提取香精或熏茶；叶、花、根可入药。

灰莉

马钱科灰莉属

学名：*Fagraea ceilanica* Thunb.

别名：非洲茉莉、灰刺木

形态特征：乔木或攀援灌木状，高达15米。老枝具托叶痕。叶稍肉质，椭圆形、倒卵形或卵形；叶柄基部具鳞片状托叶。花单生或为顶生二歧聚伞花序；花萼肉质，裂片卵形或圆形；花冠5裂，漏斗状，稍肉质，白色，芳香。浆果卵圆形或近球形。花期4～8月。

习性及分布：喜光，耐荫，稍耐寒；对土壤要求不严。分布于亚洲南部和东部、大洋洲及太平洋岛屿。

园林应用：树形优美，叶片近肉质，叶色浓绿有光泽。可作绿篱；或布置花坛、花境；也可盆栽室内观赏。

黄花夹竹桃

夹竹桃科黄花夹竹桃属

学名：*Thevetia peruviana* (Pers.) K. Schum.

别名：酒杯花、橙花夹竹桃

形态特征：灌木或小乔木，高达 5 米；小枝通常下垂。叶近革质，宽线形或线状披针形。花 2 ～ 6 朵排成顶生或腋生的聚伞花序，有时单花，花黄色，有香气；花冠筒长 2 ～ 2.5 厘米，喉部具 5 枚被毛的鳞片状副花冠。核果扁三角状球形。花期几全年。果期 8 月至翌年春季。

习性及分布：喜光，喜温暖、湿润的气候，耐半荫，稍耐寒，忌水湿。原产于美洲热带地区。

园林应用：枝叶繁茂，鲜绿，是夏季观花树种。应用于建筑物周边、公园、绿地、路旁、池畔等地。

知识拓展：种子含油，有毒，可供制肥皂、杀虫和鞣料等用油；乳汁、花、种子、根及茎皮均含强心甙。同属植物红酒杯花 *Thevetia peruviana*‘Aurantiaca’习性与用途同黄花夹竹桃。

1 ～ 3. 黄花夹竹桃
4. 红酒杯花

黄蝉

夹竹桃科黄蝉属

学名：*Allamanda schottii* Pohl
别名：硬枝黄蝉、黄兰蝉

形态特征：直立灌木，高达 2 米，具乳汁。叶 3 ～ 5 片轮生。花排成顶生聚伞花序；花橙黄色；花冠筒长不超过 2 厘米，内面具红褐色纵条纹，基部膨大。蒴果球形，直径 2 ～ 3 厘米，具长刺。花期 5 ～ 8 月。果期 10 ～ 12 月。

习性及分布：喜光，喜高温、高湿的环境，忌烈日，不耐寒；喜肥沃、排水良好的酸性土壤。原产于巴西。

园林应用：花大，色黄，应用于庭园美化、围篱、花棚、花廊、花架。

知识拓展：乳汁、茎皮和种子有毒，人畜误食会引起腹痛、腹泻等，妊娠动物误食可导致流产。同属植物软枝黄蝉 *Allamanda cathartica* L.、紫蝉花 *Allamanda blanchetii* A. DC. 习性与用途同黄蝉。

1 ～ 2. 黄蝉
3 ～ 4. 软枝黄蝉
5. 紫蝉花

沙漠玫瑰

夹竹桃科沙漠玫瑰属

学名：*Adenium obesum* Roem. et Schult.

别名：天宝花、亚丁花、沙漠蔷薇

形态特征：多肉灌木或小乔木，高达4.5米；树干肿胀。单叶互生，集生枝端，倒卵形至椭圆形，全缘，先端钝而具短尖，肉质，近无柄。总状花序，顶生；花冠漏斗状，5裂，外面有短柔毛，有红、玫红、粉红、白等色。花期5～12月。

习性及分布：喜光，喜高温、干旱的环境，不耐寒，喜疏松、排水良好的砂质壤土。原产于非洲东部。

园林应用：植株矮小，树形古朴苍劲，根茎肥大，花鲜红艳丽，形似喇叭。南方地栽布置小庭院，或盆栽观赏。

知识拓展：花入药；乳汁有毒。

重瓣狗牙花

夹竹桃科狗牙花属

学名：*Tabernaemontana divaricata* 'Flore pleno'

别名：狗牙花、豆腐花

形态特征：灌木，高达3米。叶坚纸质，椭圆形或椭圆状长圆形。花5～10朵，排成腋生聚伞花序，通常双生；花白色，重瓣；花冠筒长达2厘米，边缘皱波状。蓇葖果极叉开或外弯，长圆形。花期5～11月。果期秋季。

习性及分布：喜温暖、湿润的环境，不耐寒，耐半荫；喜肥沃、排水良好的酸性土壤。分布于我国云南。印度也有。

园林应用：绿叶青翠，花朵晶莹洁白、清香。作园景树和庭园树；也可盆栽观赏。

夹竹桃

夹竹桃科夹竹桃属

学名：*Nerium oleander* Linn.

别名：欧洲夹竹桃、红花夹竹桃

形态特征：灌木，高达4米；幼枝具棱。叶3～4片轮生，枝下部的对生。花数朵排成顶生聚伞花序；花深红色、粉红色，芳香；花冠有单瓣、重瓣。蓇葖果双生，平行或并连，长圆形。花期几全年，夏秋为盛花期，很少结果。

习性及分布：喜光，喜温暖、湿润的气候，不耐寒，忌水渍，耐旱；喜肥沃的中性土壤。分布于伊朗、印度、尼泊尔。

园林应用：叶如柳似竹，红花灼灼，胜似桃花，花冠粉红至深红或白色，有特殊香气。是著名的观赏花卉，可作为景观带或防护林。

知识拓展：种子含油，供作润滑油；茎皮纤维为优良混纺原料。同属植物白花夹竹桃 *Nerium indicum* 'Paihua' 习性与用途同夹竹桃。

1～4. 夹竹桃
5. 白花夹竹桃

树牵牛

旋花科番薯属

学名：*Ipomoea carnea* subsp. *fistulosa* (Mart. ex Choisy) D. F. Austin

别名：南美旋花

形态特征：披散灌木，高1～3米；小枝粗壮，圆柱形或有棱，散生皮孔；有白色乳汁。叶宽卵形或卵状长圆形，基部心形或截形。聚伞花序腋生或顶生，有花数朵；花冠漏斗状，淡红色，内面至基部深紫色；花冠管基部缢缩。蒴果卵形或球形。

习性及分布：喜光，耐旱，耐瘠薄，不耐寒；喜疏松、排水良好的砂质土壤。原产于美洲。

园林应用：栽培容易，生长迅速，花姿清雅，花期长。应用于池畔、棚架栽培；可盆栽欣赏。

基及树

紫草科基及树属

学名：*Carmona microphylla* (Lam.) G. Don

别名：福建茶、猫仔树

形态特征：灌木，高 1 ～ 4 米；多分枝。叶革质，其形状、大小、叶缘裂齿多变，在新枝上的叶散生，在老枝短枝上的叶簇生。聚伞花序少分枝，通常有花 1 ～ 3 朵；花冠白色或稍带粉红色。核果不分裂成分核，成熟时朱红色或橙黄色。

习性及分布：喜温暖、湿润的气候，耐荫，不耐寒；喜疏松、肥沃、排水良好的微酸性土壤。分布于广东、台湾。

园林应用：福建茶栽培作盆景、绿篱，风韵别致，是颇受欢迎的观赏植物之一。

知识拓展：福建茶是园艺爱好者习惯用的名称，然而福建至今未见真正野生的记载。

马缨丹

马鞭草科马缨丹属

学名：*Lantana camara* Linn.

别名：五色梅、臭草

形态特征：直立或披散灌木；茎枝四方形，具短而倒钩状刺，被短柔毛。叶为单叶，对生，有强烈的气味，厚纸质，卵圆形或卵形。花序顶生或腋生，粗壮；花冠黄色或橙黄色，花后变为深红色。核果圆球形，成熟时紫黑色。花期全年。

习性及分布：喜高温、高湿的环境，耐热，不耐寒；对土壤适应性强。原产于美洲热带地区。

园林应用：花色美丽，花期长。应用于公园、庭院中做花篱、花丛；应用于道路两侧。

知识拓展：根、茎、叶、花均可供药用。同属植物蔓马缨丹 *Lantana montevidensis* Briq. 习性与用途同马缨丹。

1～4. 马缨丹
5～6. 蔓马缨丹

白棠子树

马鞭草科紫珠属

学名：*Callicarpa dichotoma* (Lour.) K.Koch

别名：山指甲、火柴头、小泡树

形态特征：灌木，高 1 ~ 2 米，小枝被星状毛。叶倒卵形或椭圆状披针形，下面密生黄色腺点。聚伞花序着生于叶腋，纤弱，2 ~ 3 次分歧；雄蕊 4 枚，长约为花冠的 2 倍。果近球形，紫色。花期 5 ~ 6 月。果期 7 ~ 11 月。

习性及分布：喜温暖、湿润的环境。分布于广东、湖南、台湾、浙江、福建。日本、越南也有。

园林应用：秋季果实累累，紫堇色明亮如珠，果期长，是优良的观果灌木。应用于庭院或公园。

知识拓展：全株供药用；叶可提取芳香油。

假连翘

马鞭草科假连翘属

学名：*Duranta erecta* L.

别名：花墙刺、篱笆树、洋刺

形态特征：直立灌木，高约1.5～2米；枝条有皮刺。单叶，对生，坚纸质，卵状椭圆形或卵状披针形。总状花序顶生或腋生，常再排成圆锥花序；花冠蓝紫色。果为核果，球形，成熟时红黄色。花果期几全年。

习性及分布：喜光，喜温暖、湿润的气候，耐半荫，耐水湿，不耐寒。原产于美洲热带地区。

园林应用：入秋后果实变色，着生在下垂长枝上。盆栽观赏；也可地栽作庭园绿篱。

知识拓展：果、叶入药。其栽培品种‘花叶’假连翘 *Duranta erecta* ‘Variegata’习性与用途同假连翘。

1～3. 假连翘
4.‘花叶’假连翘

赪 桐

马鞭草科大青属

学名：*Clerodendrum japonicum* (Thunb.) Sweet

别名：状元红、百日红、赪桐花

形态特征：灌木，高达 2 ~ 3 米；小枝四棱形。叶对生，阔卵形或近圆形。聚伞花序排成顶生；花冠朱红色，顶端 5 裂。果近球形，直径约 1 厘米，常分裂为 2 ~ 4 个分核，宿萼裂片在果脱落后向外反折。花期 5 ~ 10 月。果期 8 ~ 10 月。

习性及分布：喜半荫，喜高温、湿润的环境，耐瘠薄，忌旱，忌涝；喜土层深厚的酸性土壤。分布于云南、贵州、台湾、湖南。印度、日本也有。

园林应用：花艳丽如火，花期长。应用于公园绿地，成片栽植效果极佳。

知识拓展：全株供药用。

龙吐珠

马鞭草科大青属

学名：*Clerodendrum thomsoniae* Balf.f.

别名：麒麟吐珠、珍珠宝草

形态特征：柔弱蔓性灌木；小枝四棱形。叶纸质，狭卵形或卵状长圆形。聚伞花序腋生或生于小枝顶端，二歧分枝，疏散；花萼白色，基部合生，中部膨大，顶端5裂；花冠深红色，雄蕊4枚，伸出花冠外。核果近球形。花果期7～8月。

习性及分布：喜光，喜温暖、湿润的环境，不耐寒；喜疏松、肥沃、排水良好的砂质土壤。原产于热带地区。

园林应用：花冠深红色，由白色花萼内伸出，状如龙吐珠，为美丽的观赏植物。应用于花坛、花境；盆栽观赏。

知识拓展：叶入药。同属植物红萼龙吐珠 *Clerodendrum speciosum* W.Bull 习性与用途同龙吐珠。

1～3. 龙吐珠
4. 红萼龙吐珠

垂茉莉

马鞭草科大青属

学名：*Clerodendrum wallichii* Merr.

别名：长花龙吐珠、垂花龙吐珠

形态特征：直立灌木或小乔木，高 2 ～ 4 米；小枝锐四棱形或呈翅状。叶片近革质，长圆形或长圆状披针形。聚伞花序排列成圆锥状，下垂，每聚伞花序对生或交互对生，着花少数；萼管果时增大增厚，鲜红色或紫红色；花冠白色。核果球形。花果期 10 月至翌年 4 月。

习性及分布：喜光，喜温暖、湿润的环境，不耐寒；喜疏松、排水良好的土壤。分布于西藏、云南、广西。缅甸、孟加拉、越南、印度也有。

园林应用：应用于庭院、公园绿地。

臭牡丹

马鞭草科大青属

学名：*Clerodendrum bungei* Steud.

别名：矮桐子、大红袍、臭八宝

形态特征：灌木，高 1～2 米；植株有臭味；嫩枝具皮孔；髓白色中实。叶纸质，宽卵形或卵形。伞房状聚伞花序顶生；花萼紫红色或下部绿色；花冠淡红色或紫红色；雄蕊及花柱突出花冠外。核果近球形。花期 7～10 月。果期 9～11 月。

习性及分布：喜光，喜湿润的环境，耐寒，耐旱，耐荫；喜肥沃、疏松的腐殖质土。分布于华北、西北、西南。印度北部、马来西亚、越南也有。

园林应用：叶色浓绿，顶生紧密头状红花，花朵优美，花期长。用于布置花坛、花境、庭院；常片植于坡地、林缘、林下或建筑物阴面。

知识拓展：根、茎、叶入药。同属植物烟火树 *Clerodendrum quadriloculare* (Blanco) Merr. 习性与用途同臭牡丹。

1～3. 臭牡丹
4～5. 烟火树

银石蚕

唇形科香科科属

学名：*Teucrium fruticans* L.

别名：水果兰、灌丛石蚕、水果蓝

形态特征：灌木；小枝四棱形，全株被白色茸毛,以叶背和小枝最多。叶对生,卵圆形,长1～2厘米,宽1厘米。花紫色,花冠二唇形。花期4月。

习性及分布：喜温暖、湿润的气候，耐旱，耐水湿。原产于地中海地区及西班牙地区。

园林应用：应用于花坛、花境，或作绿篱。

蓝蝴蝶

唇形科三对节属

学名：*Rotheca myricoides* (Hochst.) Steane & Mabb.

别名：**乌干达赪桐、蓝蝴蝶花**

形态特征：常绿灌木，株高 50 ~ 120 厘米。叶对生，倒卵形，叶上半部有疏齿。花冠蓝白色，唇瓣蓝紫色，花瓣完全平展；杯形花萼 5 裂，裂片圆形，绿紫色；有 4 条细长向前直出弯曲的花丝，为紫或白色。花期春至秋季。

习性及分布：喜高温、阳光充足的环境，不耐寒。喜疏松、肥沃的砂质土壤。原产于非洲乌干达。

园林应用：花形别致，盛开时似蝴蝶翩翩起舞。应用于花坛、花境。

迷迭香

唇形科迷迭香属

学名：*Rosmarinus officinalis* Linn.

别名：海露、直立迷迭香、匍匐迷迭香

形态特征：灌木，高达 2 米；茎及老枝圆柱形，幼枝四棱形，密被白色星状细茸毛。叶常在枝上丛生，叶片线形。花对生，少数聚集在短枝的顶端组成总状花序；花冠蓝紫色，冠檐二唇形；子房裂片与花盘裂片互生。花期 11 月。

习性及分布：喜温暖的气候，耐旱；喜富含砂质、排水良好的土壤。原产于欧洲。

园林应用：盆栽观赏，布置于书房、房间、客厅等地；也可应用于花坛、花境。

知识拓展：天然香料植物。

黄花木本曼陀罗

茄科曼陀罗木属

学名：*Brugmansia aurea* Lagerh.

别名：大花曼陀罗、树曼陀罗

形态特征：灌木，高可达2米；茎粗壮。叶卵状披针形、长圆形或卵形。花单生，俯垂，黄色，具绿色脉纹；花萼筒状；花冠长漏斗形，花冠筒中部以下较细，向上渐扩大成喇叭状，檐部裂片具长渐尖头。蒴果呈浆果状，表面平滑。花期4～10月。

习性及分布：喜温暖的气候，不耐寒；喜疏松、肥沃的土壤。原产于美洲热带。

园林应用：洁白硕大的花朵下垂悬吊，犹如灯笼。用作园景树、庭园树；也可盆栽观赏。

知识拓展：同科植物洋金花 *Datura metel* Linn.、曼陀罗 *Datura stramonium* Linn. 习性与用途同木本曼陀罗。

1. 黄花木本曼陀罗
2～3. 洋金花
4～5. 曼陀罗

珊瑚樱

茄科茄属

学名：*Solanum pseudocapsicum* Linn.

别名：冬珊瑚、四季果

形态特征：直立分枝小灌木，全株光滑无毛。叶互生，狭长圆形至披针形，边全缘或波状。花多单生，很少成蝎尾状花序；花小，白色，直径约0.8～1厘米。浆果橙红色，直径1～1.5厘米。种子盘状，扁平，果期秋末。

习性及分布：喜光，喜温暖、半荫的环境；喜疏松、肥沃的土壤。原产南美洲。

园林应用：果球形，由绿变成红色，再到橙黄，浑圆玲珑，十分可爱。应用于花坛；也可盆栽。

知识拓展：根入药；全株有毒。

鸳鸯茉莉

茄科鸳鸯茉莉属

学名：*Brunfelsia brasiliensis* (Spreng.) L.B.Sm. & Downs

别名：番茉莉、二色茉莉

形态特征：直立、多分枝的常绿灌木。单叶互生，长圆形或椭圆状长圆形。花单生或数朵排成聚伞花序，紫色或白色；花萼管状；花冠直径 2 ~ 2.5 厘米，花冠管较细长。浆果近球形，成熟时淡黄色。花期 6 ~ 10 月。果期 8 ~ 11 月。

习性及分布：喜半荫，喜温暖、湿润的环境，耐旱，不耐涝，不耐瘠薄；喜疏松、肥沃、排水良好的微酸性土壤。原产于中美洲及南美洲。

园林应用：花色艳丽且具芳香。适宜在园林绿地中种植；也可盆栽观赏。

夜香树

茄科夜香树属

学名：*Cestrum nocturnum* L.

别名：夜来香、木本夜来香、洋丁香

形态特征：直立或近攀援灌木，高 2 ～ 3 米；枝细长而常下垂。叶长圆状卵形或长圆状披针形。伞房状聚伞花序顶生或腋生，常疏散；花多数，绿白色或黄绿色，夜间极香；花萼钟状，顶端 5 浅裂；花冠高脚碟状。浆果长圆形，长 6 ～ 7 毫米。花期 5 ～ 8 月，极少结果。

习性及分布：喜光，喜温暖、湿润的环境，稍耐荫，稍耐寒；对土壤要求不严。原产于南美洲。

园林应用：枝俯垂，花期长而繁茂，夜间芳香。应用于天井、窗前、墙沿、草坪等处；也作切花。同属植物毛茎夜香树 *Cestrum elegans* (Brongn.) Schltdl. 习性与用途同夜香树。

1 ～ 3．夜香树
4．毛茎夜香树

硬骨凌霄

紫葳科硬骨凌霄属

学名：*Tecoma capensis* (Thunb.) Lindl.

别名：凌霄、洋凌霄、硬叶凌霄

形态特征：灌木，高1～2米；枝条细长，散生突起皮孔。叶对生，奇数羽状复叶，小叶5～9片，小叶卵圆形至椭圆状卵形。总状花序顶生；花冠橙红色至橙黄色，有深红色脉纹，冠管漏斗状，稍弯曲。

习性及分布：喜光，喜温暖、湿润的环境，不耐寒，不耐荫；喜排水良好的砂壤土。原产于非洲热带地区。

园林应用：终年常绿，叶片秀雅，夏、秋季节开花不绝。应用于花坛。

知识拓展：同科植物厚萼凌霄 *Campsis radicans* (L.) Seem.、非洲凌霄 *Podranea ricasoliana* (Tanf.) Sprague 习性与用途同硬骨凌霄。

1～2. 硬骨凌霄
3～4. 厚萼凌霄
5～6. 非洲凌霄

直立山牵牛

爵床科山牵牛属

学名：*Thunbergia erecta* (Benth.) T. Anders.

别名：硬枝老鸦嘴、金鱼木、立鹤花

形态特征：直立灌木，高达2米；茎4棱形，多分枝。叶片近革质，卵形至卵状披针形，有时菱形。花单生于叶腋；小苞片白色；花冠管白色，喉管黄色，冠檐紫堇色，内面散布小圆透明凸起。蒴果无毛。

习性及分布：喜光，喜高温、高湿的环境，耐荫，耐旱，不耐寒；喜富含有机质的酸性土壤。原产于非洲。

园林应用：分枝多而繁茂，花期长，花形奇特。适合盆栽观赏及庭院布置；也可作花篱。

鸭嘴花

爵床科爵床属

学名：*Justicia adhatoda* L.

别名：牛舌兰、野靛叶

形态特征：灌木，高1～3米。叶对生，两面被灰白色柔毛或上面近无毛。花排成紧密的穗状花序，顶生或近顶部腋生；苞片大，椭圆形至阔卵形；花冠白色，有紫红色条纹，2唇形。蒴果长椭圆形，长约2.5厘米。花期5～6月。

习性及分布：喜温暖的环境，忌霜冻；喜排水良好的土壤。原产于印度。

园林应用：枝叶青翠素雅，开花时，绿叶衬以洁白花序，清新秀丽。栽于亭阁水榭中；亦可作庭园绿篱。

知识拓展：全株入药。

小驳骨

爵床科爵床属

学名：*Justicia gendarussa* L. f.

别名：驳骨丹、百节芒、接骨草

形态特征：小灌木，高约1米；茎圆柱形，节膨大。叶对生，披针形至线状披针形。花排成穗状花序，顶生或生于上部叶腋；苞片对生；花冠2唇形，白色或粉红色，有紫色斑点及紫色脉纹。蒴果长约1.2厘米。花期2～5月。

习性及分布：喜温暖、湿润的环境，稍耐寒，忌霜冻；喜疏松、肥沃的土壤。广布于亚洲热带地区。

园林应用：应用于花坛、花境；也用作绿篱。

知识拓展：全株入药。

栀 子

茜草科栀子属

学名：*Gardenia jasminoides* Ellis

别名：黄栀子、黄果树、重瓣栀子

形态特征：灌木，高达2米；枝圆柱形。叶对生或3叶轮生，长圆形、倒卵状披针形或椭圆形。花通常单朵与新梢并生于小枝顶端，白色，后变乳黄色，直径约5厘米；花冠高脚碟状。果长椭圆形或卵形。花期5～7月。果期8～10月。

习性及分布：喜温暖、湿润的气候；喜疏松、肥沃、排水良好的酸性土壤。分布于我国南部、中部和东部。日本也有。

园林应用：终年常绿，且开花芬芳香郁。丛植或孤植于庭园、池畔、阶前、路旁；也可在绿地组成色块。

知识拓展：果作黄色染料，也可入药；花可提制芳香浸膏，作化妆品和香皂、香精的调合剂。同属植物白蟾 *Gardenia jasminoides* var. *fortuneana* (Lindl.) H. Hara 习性与用途同栀子。

1～3. 栀子
4～5. 白蟾

狭叶栀子

茜草科栀子属

学名：*Gardenia stenophylla* Merr.
别名：花木、水栀子

形态特征：常绿灌木，植株矮生平卧；枝丛生，小枝绿色。叶小狭长，倒披针形，对生或三叶轮生，有短柄，革质，色深绿，有光泽，托叶鞘状。花白色，重瓣，具浓郁芳香，有短梗，单生于枝顶。果实卵形。花期 4 ~ 6 月。果期 10 ~ 11 月。

习性及分布：喜光，喜温暖、湿润的环境，耐高温；喜疏松、肥沃、排水良好的酸性土壤。原产于我国长江流域及以南。

园林应用：枝条紧凑，叶片浓密，贴伏地表，能形成平整、致密的地被层，覆盖效果好。应用于花坛、花境；也可盆栽观赏。

长隔木

茜草科长隔木属

学名：*Hamelia patens* Jacq.

别名：希美莉、醉娇花、希莱莉

形态特征：灌木，高 1.5 ~ 2 米；小枝四棱柱形。叶 3 ~ 4 片轮生，不等大，长圆形或倒卵状披针形，通常偏斜。花多朵排成顶生近蝎尾状聚伞花序；花橙红色；花冠管状，冠管长 1.8 ~ 2.2 厘米。花期 9 ~ 10 月。果未见。

习性及分布：喜光，喜高温、高湿的环境，耐荫，耐旱，忌瘠薄，不耐寒；喜土层深厚、肥沃的酸性土壤。原产于热带美洲。

园林应用：观花植物，可栽植庭院观赏；或布置花坛。

龙船花

茜草科龙船花属

学名：*Ixora chinensis* Lam.

别名：山丹、百日红、木绣球

形态特征：灌木，高达3米。叶对生，长圆状披针形或长圆状倒卵形。花多朵排成顶生聚伞花序；花红色、黄红色或橙黄色，4裂，裂片倒卵形或近圆形。核果近球形，直径6～8毫米，无毛，熟时紫红色。花期6～7月。果期8～9月。

习性及分布：喜光，喜温暖、湿润的环境，不耐寒，耐半荫，不耐水湿、忌强光；喜疏松、肥沃的微酸性土壤。分布于海南、广东、广西和台湾。

园林应用：花色鲜红而美丽，花期长。应用于花坛、花境；或盆栽观赏。

知识拓展：全株药用。

六月雪

茜草科白马骨属

学名：*Serissa japonica* (Thunb.) Thunb.

别名：白马骨、满天星

形态特征：多分枝小灌木，高达1米；小枝被短柔毛或渐无毛。叶卵形、椭圆形至披针形。花白色，近无梗；花冠长5～10毫米，外面无毛，通常5裂，裂片卵状长圆形；花药露出冠管外。核果近球形。花期4～9月。果期7～10月。

习性及分布：喜温暖、湿润的环境；喜疏松、肥沃、排水良好的土壤。分布于长江流域及以南。

园林应用：枝叶密集，白花盛开，宛如雪花满树。应用于花坛、花境；用作花篱；或配植在山石、岩缝间。

知识拓展：全株药用。其栽培种花叶六月雪 *Serissa japonica*'Variegata' 习性与用途同六月雪。

1～2. 六月雪
3～4. 花叶六月雪

蝶花荚蒾

忍冬科荚蒾属

学名：*Viburnum hanceanum* Maxim.

别名：蝴蝶树、假沙梨

形态特征：灌木，高达 2 米。叶纸质，圆卵形，近圆形或椭圆形。聚伞花序伞形状；花生于第二、三级辐射枝上；周围有 2 ~ 5 朵大型、白色的不孕性花；中央的孕性花，花冠黄白色，辐状。果卵圆形，稍扁，成熟时红色。花期 4 ~ 5 月。果期 10 ~ 11 月。

习性及分布：喜半荫，喜温暖、湿润的环境，耐寒，耐旱；喜疏松的中性土壤。分布于广东、广西、湖南及江西。

园林应用：不孕花白色，似蝴蝶飞舞。用作园景树、庭园树。

知识拓展：同属植物蝴蝶戏珠花 *Viburnum plicatum* f. *tomentosum* (Thunb.) Miq.、鸡树条 *Viburnum opulus* subsp. *calvescens* (Rehder) Sugim. 习性与用途同蝶花荚蒾。

1．蝶花荚蒾
2 ~ 3．蝴蝶戏珠花
4．鸡树条

绣球荚蒾

忍冬科荚蒾属

学名：*Viburnum macrocephalum* Fort.

别名：木绣球、琼花、绣球花

形态特征：落叶或半常绿灌木，高约3米。叶纸质，卵形、椭圆形至卵状长圆形。聚伞花序，周围具大型、白色的不孕性花；孕性花花冠白色，辐状。果椭圆形，长约12毫米，成熟时红色，后变黑色。花期4～5月。

习性及分布：喜光，喜温暖、湿润的气候，稍耐荫，较耐寒；喜肥沃、湿润、排水良好的土壤。分布于湖南、湖北、江西、浙江、安徽及江苏。

园林应用：枝条广展，树冠呈球形，树姿优美。常见的庭院花卉；也可应用于公园或绿地。

知识拓展：同属植物琼花 *Viburnum macrocephalum*'Keteleeri'、地中海荚蒾 *Viburnum tinus* L. 习性与用途同绣球荚蒾。

1～2. 绣球荚蒾
3～4. 琼花
5～6. 地中海荚蒾

猬实

忍冬科猬实属

学名：*Kolkwitzia amabilis* Graebn.

别名：蝟实、千层皮、鸡骨头

形态特征：多分枝直立灌木，高达3米。叶椭圆形至卵状椭圆形，全缘，脉上和边缘密被直柔毛和睫毛。伞房状聚伞花序；苞片披针形；花冠淡红色，裂片不等，其中二枚稍宽短，内面具黄色斑纹。果实密被黄色刺刚毛，顶端伸长如角，冠以宿存的萼齿。花期5～6月。果期8～9月。

习性及分布：喜光，喜凉爽、湿润的环境，耐寒，耐旱，忌水涝和高温；喜肥沃、排水良好的土壤。分布于山西、陕西、甘肃、河南、湖北及安徽。

园林应用：花繁密，花色娇艳，是著名的观花灌木。多丛植于草坪、路边及假山旁；也可盆栽或做切花用。

糯米条

忍冬科糯米条属

学名：*Abelia chinensis* R. Br.

别名：茶条树、大叶白马骨、六道木

形态特征：落叶多分枝灌木，高1～2米。叶对生，稀3叶轮生，卵圆形至卵状椭圆形。聚伞花序生于小枝上部叶腋，由多数花序集合成圆锥状花簇；花白色至红色，芳香，具6枚小苞片，长圆形或披针形，果时变红色；花冠漏斗状。果为瘦果，具宿存而稍增大的花萼裂片。花期6～7月。果期8～10月。

习性及分布：喜温暖、湿润的气候，稍耐寒，耐荫，耐旱，耐瘠薄。分布于广东、云南、贵州、湖南、福建、江西及台湾。

园林应用：花色艳丽，果期花萼裂片变红，经久不落，为优美的观赏植物。作庭园观赏用；也可布置花坛、花境。

知识拓展：同属植物六道木 *Abelia biflora* Turcz.、蓪梗花 *Abelia uniflora* R. Br.、大花糯米条 *Abelia* × *grandiflora* (André) Rehd. 习性与用途同糯米条。

1. 糯米条
2. 六道木
3～4. 大花糯米条
5～6. 蓪梗花

锦带花

忍冬科锦带花属

学名：*Weigela florida* (Bunge) A. DC.

别名：山脂麻、粉团花、海仙

形态特征：落叶灌木，高达 1 ～ 3 米；幼枝稍四方形。叶矩圆形、椭圆形至倒卵状椭圆形。花单生或成聚伞花序生于侧生短枝的叶腋或枝顶；花冠紫红色或玫瑰红色，裂片不整齐，开展，内面浅红色。果实长 1.5 ～ 2.5 厘米，顶有短柄状喙，疏生柔毛。花期 4 ～ 6 月。

习性及分布：喜光，耐荫，耐寒，耐瘠薄，忌水涝；喜湿润、腐殖质丰富的土壤。原产于中国北部、东北以及朝鲜半岛。

园林应用：花色艳丽而繁多，是重要的观花灌木之一。适宜庭院、墙隅、湖畔群植；也可作篱笆。

知识拓展：同属植物半边月 *Weigela japonica* var. *sinica* (Rehd.) Bailey、'红王子'锦带花 *Weigela florida* 'Red Prince' 习性与用途同锦带花。

1. 锦带花
2 ～ 3. 半边月
4 ～ 5. '红王子'锦带花

龟背竹

天南星科龟背竹属

学名：*Monstera deliciosa* Liebm.

别名：**龟背莲、龟背芋**

形态特征：攀援灌木；茎绿色，粗壮，以气根附着树干、石壁、土墙等。叶片大，心状卵形，厚革质，边缘深裂成条状。佛焰苞厚，革质，白色至乳黄色，舟状，直立；肉穗花序圆柱状，淡黄至白色；雄蕊花丝线形；雌蕊陀螺状。浆果淡黄色，长约1厘米。

习性及分布：喜温暖、湿润的环境，忌阳光直射，不耐寒。原产于墨西哥。

园林应用：株形优美，叶形奇特，终年碧绿，青翠欲滴。盆栽，适宜大型门厅、客厅、会议室摆放；也可栽植于庭院、树旁或屋角等稍荫处。

草珊瑚

金粟兰科草珊瑚属

学名：*Sarcandra glabra* (Thunb.) Nakai

别名：九节花、九节茶

形态特征：亚灌木，高 50～150 厘米；茎多分枝，节膨大。单叶，对生，卵状披针形或长圆形，边缘具粗锯齿，齿尖有腺点。花小，两性，黄绿色，通常具 2～3 分枝，排成圆锥状。核果球形，成熟时红色。花期 4～6 月。

习性及分布：忌强光，喜阴凉的环境，忌贫瘠，忌高温、干燥；喜疏松、肥沃、微酸性的砂土壤。分布于我国长江以南。

园林应用：红珠满树，吉祥富贵。盆栽置于室内观赏；也可应用于绿地、庭院的绿化点缀。

知识拓展：全株供药用。

纽扣花

五桠果科纽扣花属

学名：*Hibbertia scandens* Dryand.

别名：束蕊花

形态特征：藤状灌木，茎长达3米。叶对生，狭长圆形，基部楔形，下延，顶端短尖，有小尖头。花单朵生于叶腋，花黄色，花瓣5，倒阔心形，顶端凹缺；雄蕊多数，黄色。

习性及分布：喜温暖、湿润的气候，不耐寒；喜疏松、肥沃的土壤。

园林应用：应用于花架、花廊；或盆栽观赏。

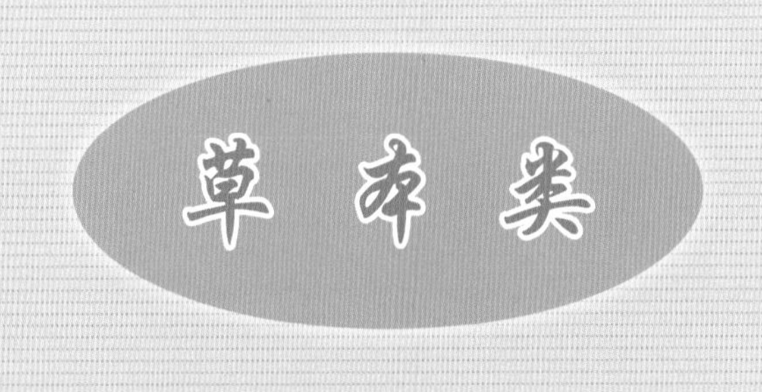
草本类

肾蕨

肾蕨科肾蕨属

学名：*Nephrolepis cordifolia* (L.) C. Presl

别名：圆羊齿、篦子草、石蛋果

形态特征：土生或附生植物；根状茎直立；有纤细的须根，块茎着生于匍匐茎上，近圆形。叶簇生，一回羽状，羽片多数，互生，无柄，常密集呈覆瓦状排列。孢子囊群着生于每组侧脉的上侧小脉顶端，沿中脉两侧各排成1行。

习性及分布：喜半荫，喜温暖、潮湿的环境，不耐寒，不耐旱，忌强光直射；喜疏松、肥沃的中性或微酸性砂壤土。分布于福建、台湾、广东、云南、贵州、湖南、浙江。世界热带及亚热带地区也有。

园林应用：盆栽观赏；也可吊盆悬挂于客厅和书房；作阴性地被植物布置在墙角、假山和水池边。

知识拓展：全草药用。同属植物波斯顿蕨 *Nephrolepis exaltata* ‘Bostoniensis’ 习性与用途同肾蕨。

1～3. 肾蕨
4. 波斯顿蕨

巢蕨

铁角蕨科巢蕨属

学名：*Neottopteris nidus* (Linn.) J. Sm.

别名：鸟巢蕨、铁蚂蝗

形态特征：附生草本，植株高60～100厘米。叶簇生；叶片带状阔披针形，长50～95厘米，宽5～8厘米，顶端渐尖，全缘并有软骨质的边。孢子囊群线形，囊群盖线形，全缘，宿存。

习性及分布：喜温暖、湿润的环境，不耐寒；常成丛附生在大树分枝上或岩石上。分布于台湾、广东、广西、云南。中南半岛、菲律宾、印度尼西亚、大洋洲也有。

园林应用：叶片密集，碧绿光亮，为著名的附生性观叶植物。常用于制作吊盆；在热带园林中，常栽于林下或附生岩石上。

知识拓展：全草入药。

矮树蕨

乌毛蕨科乌毛蕨属

学名：*Blechnum gibbum* (Lab.) Mett.

别名：富贵蕨、美人蕨

形态特征：陆生大型植物，植株高 60 ~ 150 厘米。根状茎粗壮，直立，顶部密被褐色线形鳞片。叶簇生；叶柄长 20 ~ 50 厘米；一回羽状复叶，叶片长圆状披针形，长 40 ~ 100 厘米，宽 15 ~ 40 厘米；羽片 18 ~ 50 对，互生，线形。孢子囊群线形，着生于中脉两侧，连续而不中断。

习性及分布：喜半荫，喜温暖、湿润的环境，喜湿，不耐寒。分布于台湾、广东。亚洲热带地区都有分布。

园林应用：株形整齐，叶形美观，十分美丽，适于室内盆栽观赏，也适应于园林阴湿处布置。

铁线蕨

铁线蕨科铁线蕨属

学名：*Adiantum capillus-veneris* (L.) Hook.

别名：肺心草、碰碰草

形态特征：植株高 15 ~ 40 厘米。根状茎长而横走，密被鳞片。叶疏生；叶柄长 8 ~ 15 厘米，光滑有光泽；叶片卵状三角形或长圆状卵形，长 10 ~ 20 厘米，宽 6 ~ 12 厘米，二回羽状复叶；羽片 3 ~ 5 对，互生，有柄，卵状三角形至长圆形。孢子囊群长圆形或长肾形，横生于裂片顶端。

习性及分布：喜温暖、湿润的环境；喜疏松、透水、肥沃的石灰质砂壤土。分布于台湾、福建、广东、广西、湖南、湖北。世界各地都有。

园林应用：适合盆栽观赏，也适合于园林阴湿处布置。

知识拓展：是钙质土的指示植物。叶片是良好的切叶材料及干花材料。

阴石蕨

骨碎补科阴石蕨属

学名：*Humata repens* (Linn. f.) Diels

别名：白毛蛇、石蚕

形态特征：植株高达40厘米。根状茎长而横走，密被蓬松的鳞片。叶远生；柄长10～15厘米；叶片三角状卵形，长16～25厘米，宽14～18厘米，先端渐尖，基部为四回羽裂，中部为三回羽裂。孢子囊群生于裂片上侧小脉顶端。

习性及分布：分布于台湾、广东、广西、云南、贵州、福建。亚洲热带其他地方也有。

园林应用：株型紧凑，体态潇洒，叶形美丽，特别是粗壮的根状茎密被白毛，形似狼尾，十分独特。小型盆栽观赏，也可应用于假山。

知识拓展：全草入药。

水烛

香蒲科香蒲属

学名：*Typha angustifolia* L.

别名：鬼蜡烛、蒲草、水菖蒲

形态特征：多年生沼生草本；茎直立，较细弱。叶狭线形，宽4～8毫米，叶鞘常有叶耳。穗状花序圆柱状，长30～60厘米；雌雄穗间距离差异较大，雄花序在上，较短小细瘦，长20～30厘米；雌花序在下，8～25厘米，直径1～2厘米；雌花着生于短棒状的花梗上。小坚果无沟。

习性及分布：喜生于湖泊、河流、池塘浅水处。分布于我国南北各地。欧洲、北美、大洋洲、亚洲北部均有。

园林应用：叶片挺拔，花序粗壮。用于美化水面和湿地。

知识拓展：花粉入药；雌花作枕头、坐垫等填充物，称为"蒲绒"。

蒙特登慈姑

泽泻科慈姑属

学名：*Sagittaria montevidensis* Cham. & Schltdl.

别名：欧洲大慈姑

形态特征：多年生沼生或水生草本。根状茎匍匐，末端多少膨大呈球茎。叶条形、卵状椭圆形或箭形。花莛直立，挺出水面；花序总状或圆锥状，具花多轮，每轮 2 ~ 3 花；花白色，基部具紫色斑点。花果期 7 ~ 9 月。

习性及分布：喜光；水生或湿生。原产于大洋洲、欧洲。

园林应用：花期长，适宜丛植或片植，常用于湿地景观；也可盆栽观赏。

泽泻

泽泻科泽泻属

学名：*Alisma plantago-aquatica* Linn.

别名：如意菜、水白菜、水慈菇

形态特征：多年生沼生草本；根状茎短，块状或近球形，须根细长。叶基生，卵形或椭圆形，长3～18厘米，宽1～9厘米；叶柄长达50厘米。花莛高50～100厘米，由基生叶丛中生出；花两性，外轮花被片绿色，宿存，内轮花被3片，倒卵形，白色。瘦果排列整齐，扁平，倒卵形。花果期6～10月。

习性及分布：生于湖泊、河湾、溪流、水塘的浅水带，沼泽、沟渠及低洼湿地亦有生长。我国北方有栽培或野生。北半球温带地区也有。

园林应用：花较大，花期长，应用于池塘、湖泊。

知识拓展：球茎供药用。同属植物膜果泽泻 *Alisma lanceolatum* Wither. 习性与用途同泽泻。

1～2. 泽泻
3. 膜果泽泻

黄花蔺

黄花蔺科黄花蔺属

学名：*Limnocharis flava* (Linn.) Buch.

别名：湖美花、黄天鹅绒叶、沼喜

形态特征：多年生挺水草本植物。叶基部丛生，叶片挺水生长，叶色亮绿，椭圆形，全缘；叶柄三棱形。伞形花序，顶生；花两性，花径 3 ~ 4 厘米，花瓣 6 枚，浅黄色。花期 7 ~ 9 月。果期 9 ~ 10 月。

习性及分布：喜光，喜温暖、湿润、通风良好的环境，不耐寒。分布于我国云南西双版纳。缅甸、泰国、斯里兰卡、印度尼西亚及美洲热带地区也有。

园林应用：适合各类水景使用，可成片布置，也可用盆、缸栽，摆放到庭园观赏。

蒲苇

禾本科蒲苇属

学名：*Cortaderia selloana* (Schult.) Aschers. et Graebn.

别名：克枯

形态特征：多年生草本。秆高大粗壮，丛生，高2～3米。叶舌为一圈密生柔毛，毛长2～4毫米；叶片质硬，狭窄，簇生于秆基，长达1～3米，边缘具锯齿。圆锥花序大型稠密，银白色至粉红色；雌花序较宽大，雄花序较狭窄；小穗含2～3小花；雌小穗具丝状柔毛，雄小穗无毛。

习性及分布：喜光，喜温暖、湿润的气候，耐寒。分布于华北、华中、华南、华东及东北地区。

园林应用：花穗长而美丽。应用于岸边、花境；也可作干花。

花叶芦竹

禾本科芦竹属

学名：*Arundo donax* ‘Versicolor’

别名：斑叶芦竹、彩叶芦竹

形态特征：多年生宿根草本植物；根部粗而多节；地上茎挺直，有间节，茎高1～3米，茎部粗壮近木质化。叶互生，排成二列，弯垂，具黄白色条纹，宽1～3.5厘米，圆锥花序长10～40厘米，小穗通常含4～7朵小花，花序似毛帚。

习性及分布：喜光，喜温暖、湿润的气候，耐湿，较耐寒。原产于地中海。

园林应用：用于水景背景材料；也可点缀于桥、亭、榭四周，可盆栽用于庭园观赏；花序可作切花。

狗牙根

禾本科狗牙根属

学名：*Cynodon dactylon* (Linn.) Pers.

别名：巴根草、霸根草、拌根草

形态特征：多年生草本；具根茎。秆匍匐地面，常在节上生根。叶片线形，互生，在下部的因节间短缩而似对生。穗状花序 3 ～ 5 枚，长 2 ～ 6 厘米；小穗灰绿色或带紫色。花果期 5 ～ 10 月。

习性及分布：喜温暖、湿润的气候，稍耐荫，耐寒，耐旱；喜肥沃、排水良好的土壤。分布于黄河以南。

园林应用：根茎蔓延力强，生长快，耐践踏，为优良的草坪草。

知识拓展：茎叶为畜禽的饲料；全草入药。

结缕草

禾本科结缕草属

学名：*Zoysia japonica* Steud.

别名：老虎皮草、日本结缕草

形态特征：多年生草本，具横走根状茎。叶片扁平或稍内卷。总状花序穗形；小穗柄通常弯曲。颖果卵形，长 1.5 ～ 2 毫米。花果期 5 ～ 8 月。

习性及分布：喜光，喜温暖、湿润的气候，耐旱，耐盐碱，耐瘠薄。分布于台湾、浙江、安徽、江苏、山东、河北。朝鲜、日本也有。

园林应用：本种具横走根状茎，易于繁殖，是优良的草皮和保土固堤的植物。

知识拓展：同属植物中华结缕草 *Zoysia sinica* Hance 习性与用途同结缕草。

1 ～ 3. 结缕草
4. 中华结缕草

地毯草

禾本科地毯草属

学名：*Axonopus compressus* (Sw.) Beauv.

别名：大叶油草、地毡草

形态特征：多年生草本；具长匍匐枝；秆压扁。叶片扁平，质地柔薄，边缘质较薄，近鞘口处通常疏被毛。总状花序 2 ~ 5 枚，最上的 2 枚成对而生；小穗长圆状披针形。

习性及分布：喜高温、高湿的环境，忌霜冻，不耐旱，不耐水淹；喜潮湿的砂质土壤。原产于热带美洲。

园林应用：匍匐茎蔓延迅速，每节上均能生根和抽出新枝，植物体平铺地面，是优良的草坪草种。

象草

禾本科狼尾草属

学名：*Pennisetum purpureum* Schum.

别名：紫狼尾草、马鹿草

形态特征：多年生草本，有时具根状茎；秆直立，在花序下密生柔毛。叶片线形，扁平，质较硬。圆锥花序长 10 ～ 30 厘米，宽 1 ～ 3 厘米；小穗单生或 2 ～ 3 枚簇生。花果期 8 ～ 10 月。

习性及分布：喜温暖、湿润的气候；喜疏松、肥沃的土壤。原产于非洲。

园林应用：片植于公园、绿地的路边、水岸边、山石边或墙垣边观赏；也可做插花材料。

知识拓展：全草可作饲料。同属植物紫御谷 *Pennisetum glaucum*‘Purple Majesty’习性与用途同象草。

1 ～ 3. 象草
4 ～ 5. 紫御谷

水 葱

莎草科水葱属

学名：*Schoenoplectus tabernaemontani* (Gmel.) Palla

别名：冲天草、管子草、水莞

形态特征：植株高约70厘米；秆高大，圆柱形，平滑。叶片线形；长侧枝聚伞花序简单或复出，假侧生，辐射枝多数；小穗单生或2～3枚簇生，卵形或长圆状卵形，具多数花。小坚果倒卵形，双凸状，长约2毫米。花果期8～9月。

习性及分布：喜光，喜沼泽地、沟渠、池畔、湖畔浅水处，不耐寒。分布于云南、贵州。日本、朝鲜、大洋洲及美洲也有。

园林应用：株形奇趣，株丛挺立，富有特别的韵味。应用于水边、池旁。

风车草

莎草科莎草属

学名：*Cyperus involucratus* Rottb.

别名：旱伞草、轮伞莎草

形态特征：多年生草本，高 30 ~ 150 厘米。苞片 10 余片，条形，几等长，较花序长 2 倍，辐射展开；长侧枝聚伞花序复出，具多数第一次辐射枝；小穗长圆形或椭圆形，压扁；鳞片紧密覆瓦状排列，卵形。小坚果椭圆形，近三棱形，长约为鳞片的 1/3。花果期 6 ~ 11 月。

习性及分布：喜温暖、湿润的环境，耐荫，稍耐寒；喜腐殖质丰富的黏性土壤。原产于非洲。

园林应用：植株茂密，丛生，茎秆秀雅挺拔；叶伞状，奇特优美。应用于溪流岸边，与假山、礁石搭配。

花烛

天南星科花烛属

学名：*Anthurium andraeanum* Linden

别名：红掌、红苞花烛

形态特征：多年生草本，茎上升。叶椭圆形至心形，顶端短尖或钝，基部心形，全缘。花序柄长短不一，常高于叶，圆柱状；佛焰苞平展，卵圆形，基部微心形，朱红色；肉穗花序圆柱状，稍长于佛焰苞或与佛焰苞近等长。

习性及分布：喜半荫，喜温暖、潮湿的环境，忌阳光直射，不耐寒。原产于美洲热带地区。

园林应用：佛焰花苞硕大，造形奇特，肥厚具蜡质，色泽鲜艳，有红、粉、白、绿、双色等。是重要的热带切花；可作盆栽观赏。

尖尾芋

天南星科海芋属

学名：*Alocasia cucullata* (Lour.) G.Don

别名：假海芋、尖尾风

形态特征：直立湿生草本，地上茎圆柱形，粗 3 ~ 6 厘米，具环形叶痕。叶宽卵状心形至卵状心形，盾状着生，基部心形。花序柄圆柱形；佛焰苞近肉质，管部长圆状卵形，淡绿至深绿色；肉穗花序较佛焰苞短。浆果近球形，直径 6 ~ 8 毫米。

习性及分布：喜高温、多湿的环境，耐旱，耐荫。分布于长江以南各地。中南半岛至南亚大陆也有。

园林应用：根茎肥大，风格独特，可用于庭园美化或盆栽。

海芋

天南星科海芋属

学名：*Alocasia odora* (Roxb.) K. Koch

别名：大海芋、观音莲、狼毒

形态特征：高大常绿草本，具匍匐根状茎和直立地上茎，高可达3～5米。叶椭圆状卵形，长50～90厘米，宽40～90厘米，基部箭形；叶柄螺旋状排列。花序梗2～3枚丛生；佛焰苞管部绿色；肉穗花序芳香，雌花序白色。浆果红色，卵形，长8～10毫米。

习性及分布：喜半荫，喜温暖、潮湿的环境，不耐寒；喜砂质土壤或腐殖质土壤。分布于长江以南。日本、南亚大陆、中南半岛至大洋洲也有。

园林应用：叶形与色彩都很美丽。可林荫下片植；也可作为小品假山的配景；或盆栽观赏。

羽叶喜林芋

天南星科喜林芋属

学名：*Philodendron bipinnatifidum* Schott ex Endl.

别名：裂叶喜树蕉、羽裂蔓绿绒

形态特征：多年生常绿草质植物；茎有气生根。叶片长圆状箭形，绿色有光泽，并带有黄晕。花单性；佛焰苞肉质，黄色或红色，肉穗花序略短于佛焰苞，直立生长。

习性及分布：喜温暖、潮湿的环境，耐荫，不耐寒；喜疏松、富含腐殖质的土壤。原产于哥伦比亚。

园林应用：株形美观，四季青翠。适于布置走廊、办公室等处；也可栽植于庭院或公园等稍荫处。

知识拓展：同属植物小天使喜林芋 *Philodendron xanadu* Croat, Mayo & J.Boos 习性与用途同羽叶喜林芋。

1～3. 羽叶喜林芋
4. 小天使喜林芋

白鹤芋

天南星科白鹤芋属

学名：*Spathiphyllum kochii* Engl. et Krause
别名：白掌、苞叶芋

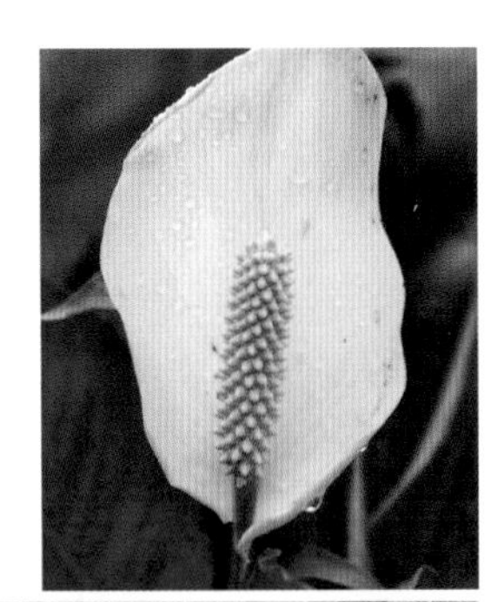

形态特征：多年生草本；株高40厘米，具短根茎。叶大，灰绿色，长椭圆状披针形，两端渐尖，叶脉明显；叶柄长，基部呈鞘状。花莛直立，高出叶丛；佛焰苞直立向上，稍卷，白色；肉穗花序圆柱状，白色，高可达45厘米。

习性及分布：喜半荫，喜高温、多湿的环境，忌强光，不耐寒；喜肥沃、富含腐殖质的土壤。原产于哥伦比亚。

园林应用：花茎挺拔秀美，清新悦目。盆栽装饰客厅、书房，也可丛植、列植于花台、庭院的荫蔽处。

合果芋

天南星科合果芋属

学名：*Syngonium podophyllum* Schott

别名：白蝴蝶、箭叶芋

形态特征：多年生蔓性常绿草本；茎节具气生根，攀附他物生长。叶片呈两型性，幼叶为单叶，箭形或戟形；老叶成5～9裂的掌状叶，中间一片叶大型，叶基裂片两侧常着生小型耳状叶片，初生叶色淡，老叶呈深绿色，且叶质加厚。佛焰苞浅绿色或黄色。

习性及分布：喜半荫，喜高温、多湿的环境，不耐寒，不耐旱，忌强光；喜疏松、肥沃、排水良好的砂质土壤。原产于中美洲及南美洲的热带雨林。

园林应用：美丽多姿，形态多变。可作篱架及边角、背景、攀墙和铺地材料。

星花凤梨

凤梨科星花凤梨属

学名：*Guzmania lingulata* Mez

别名：果子蔓、红杯凤梨、西洋凤梨

形态特征：多年生草本，株高30厘米左右。叶长带状，基部较宽，浅绿色，背面微红，薄而光亮，外弯，呈稍松散的莲座状排列。穗状花序高出叶丛，花茎、苞片和基部的数枚叶片呈鲜红色；花小白色。

习性及分布：喜光，喜高温、高湿的环境，不耐寒，不耐旱，耐半荫；喜疏松、肥沃、排水良好的微酸性土壤。原产于中南美洲。

园林应用：盆栽，既可观叶又可观花，还可作切花材料。

知识拓展：同科植物鹦哥丽穗凤梨 *Vriesea carinata* Wawra 习性与用途同星花凤梨。

1～2. 星花凤梨
3～4. 鹦哥丽穗凤梨

紫竹梅

鸭跖草科紫露草属

学名：*Tradescantia pallida* (Rose) D.R.Hunt

别名：紫叶草、紫锦草、紫罗兰

形态特征：多年生草本；植株成紫色。叶长椭圆形，基部抱茎；叶无柄。花粉红色或玫瑰紫色，两性，生于总苞片内；花瓣3片，基部微连合；雄蕊6枚，全能发育，花丝具念珠状毛；子房上位。果为蒴果。花期夏季。

习性及分布：喜半荫，喜温暖、湿润的环境，不耐寒，忌强光，耐旱；喜湿润、肥沃的土壤。原产于墨西哥。

1

2 3 4

园林应用：应用于花坛、路边；也可盆栽观赏。

知识拓展：同科植物铺地锦竹草*Callisia repens* Linn.、吊竹梅*Tradescantia zebrina* Heynh.、白花紫露草*Tradescantia fluminensis* Vell.、紫背万年青*Tradescantia spathacea* Sw.、饭包草*Commelina benghalensis* L. 习性与用途同紫竹梅。

5

6

7

8

9

10

1～2. 紫竹梅
3～4. 铺地锦竹草
5～6. 吊竹梅
7. 紫背万年青
8. 白花紫露草
9～10. 饭包草

凤眼蓝

雨久花科凤眼莲属

学名：*Eichhornia crassipes* (Mart.) Solms

别名：凤眼莲、水浮莲、水葫芦

形态特征：浮水草本或生于泥沼中；须根发达。叶基生，莲座状，叶片宽卵形至近圆形，大小不等；叶柄长短不等，中部多少膨大成卵球状或囊状，内为海绵状气室。花莛单生，花数朵组成穗状花序，蓝紫色。蒴果。花季夏、秋。

习性及分布：喜光，喜平静的水面，或潮湿肥沃的边坡生长。原产于美洲热带地区。

园林应用：具有较强的水质净化作用，故此可以植于水质较差的河流及水池中作净化材料；也可作水族箱或室内水池的装饰材料。

知识拓展：茎叶作猪饲料，是产量高的饲料植物。凤眼蓝常由于过度繁殖，抢占水面，影响航运，窒息鱼类，危害健康，极难销毁，是一种具有双面性的生物，不宜大面积应用。

梭鱼草

雨久花科梭鱼草属

学名：*Pontederia cordata* L.

别名：**海寿花**

形态特征：多年生挺水或湿生草本植物；叶柄绿色，圆筒形，叶倒卵状披针形，长约 10 ~ 20 厘米。花莛直立，通常高出叶面；小花密集在 200 朵以上，蓝紫色带黄斑点，直径约 10 毫米左右；花被裂片 6 枚，近圆形。果实初期绿色，成熟后褐色。花果期 5 ~ 10 月。

习性及分布：喜光，喜高温、湿润的环境，不耐寒，静水及水流缓慢的水域中均可生长。原产于北美。

园林应用：可盆栽、池栽；也可栽植于河道两侧、池塘四周、人工湿地。

山菅

百合科山菅兰属

学名：*Dianella ensifolia* (Linn.) DC.

别名：山菅兰、扁竹

形态特征：多年生草本，高可达 1 ~ 2 米；根状茎横走，圆柱状。叶 2 列状排列，条状披针形，基部鞘状套折。总状花序组成顶生圆锥花序，分枝疏散；花淡黄色、绿白色至淡紫色。果为浆果，直径约 6 ~ 8 毫米，紫蓝色。花果期春夏季。

习性及分布：喜半荫，喜高温、湿润的气候，不耐旱；对土壤要求不严。分布于广东、广西、台湾、浙江、四川、云南。

园林应用：应用于花坛、花境。

知识拓展：有毒植物，根状茎入药。同属植物银边山菅兰习性与用途同山菅。

1 ~ 3. 山菅
4 ~ 5. 银边山菅兰

吊 兰

百合科吊兰属

学名：*Chlorophytum comosum* (Thunb.) Jacques

别名：钓兰、挂兰、金边吊兰

形态特征：多年生草本；具簇生圆柱状稍肥厚的根，根状茎短。叶剑形，长10～35厘米，宽1～2厘米。花葶较叶长，常为匍枝而在近末端具叶簇或幼小植株；花白色，数朵簇生在花轴上。果为蒴果，圆三棱状扁球形，长约5毫米。花期5～6月。果期7～8月。

习性及分布：喜半荫，喜温暖、湿润的环境，耐旱，耐寒；喜疏松、肥沃、排水良好的砂质土壤。原产于非洲南部。

园林应用：枝条细长下垂，白花清新淡雅。盆栽作为室内装饰或应用于花墙。

知识拓展：全草入药。园艺品种‘中斑’吊兰 *Chlorophytum comosum* ‘Vittatum’ 习性与用途同吊兰。

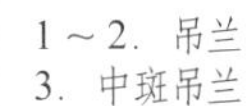

1～2. 吊兰
3. 中斑吊兰

紫萼

百合科玉簪属

学名：*Hosta ventricosa* (Salisb.) Stearn

别名：罗虾草、山玉簪、玉簪花

形态特征：多年生草本；根状茎粗壮。叶基生，卵形至卵圆形，顶端短尾状或骤尖，基部心形或近截形。花葶从叶丛中抽出，长可达1米左右；总状花序有花10～30朵；花紫色或紫红色。果为蒴果，圆柱形。花期6～7月。果期7～9月。

习性及分布：喜温暖、湿润的气候，耐荫，耐寒。分布于广东、云南、四川、浙江、湖南、陕西。

园林应用：叶片墨绿色，花瓣紫色。应用于花坛、花境和岩石园，可成片种植在林下、建筑物背阴处或其他裸露的蔽荫处；也可盆栽供室内观赏。

知识拓展：花、根及叶供药用。同属植物玉簪 *Hosta plantaginea* (Lam.) Aschers. 习性与用途同紫萼。

1～4. 紫萼
5～6. 玉簪

萱草

百合科萱草属

学名：*Hemerocallis fulva* (Linn.) Linn.

别名：红花萱草、黄花菜、金针菜

形态特征：多年生草本；根状茎短，根近肉质，中下部有纺锤状膨大。叶基生，排成2列，条形。花莛粗壮，高可达1米；花组成蜗壳状聚伞花序再组成圆锥花序；花橘红色至橘黄色，早上开晚上凋谢；花被片边缘波状皱褶，花开时裂片反曲。蒴果矩圆形。

习性及分布：喜光，喜湿润的气候，耐寒，耐旱，耐半荫；喜富含腐殖质、排水良好的土壤。分布于欧洲南部、亚洲北部。

园林应用：花色鲜艳。多丛植于花境、路旁，又可做疏林地被植物。

知识拓展：同科植物金娃娃、黄花菜 *Hemerocallis citrina* Baroni 习性与用途同萱草。

1～3. 萱草
4～5. 金娃娃
6～7. 黄花菜

郁金香

学名：*Tulipa gesneriana* Linn.

别名：洋荷花、洋水仙、郁香

百合科郁金香属

形态特征：多年生草本；具鳞茎,鳞茎卵形。茎直立。叶3～5片，条状披针形至卵状披针形。花单朵顶生，大型而艳丽；花被6片，红色或杂有白色和黄色，有时为白色或黄色；雄蕊6枚。蒴果,室背开裂。花期4～5月。

习性及分布：喜光，喜温暖、湿润的环境；喜疏松、肥沃、排水良好的微酸性砂质土壤。原产于中国新疆、西藏，伊朗和土耳其高山地带。

园林应用：花朵刚劲挺拔、端庄动人，叶色素雅秀丽，应用于花坛、花境，或盆栽观赏，也是优良的切花品种。

知识拓展：郁金香是世界著名的球根花卉，被广泛栽培，历史悠久，品种繁多。

虎尾兰

百合科虎尾兰属

学名：*Sansevieria trifasciata* Prain

别名：虎皮兰、豹皮兰、千岁兰

形态特征：多年生草本；根状茎匍匐横走。叶基生，1 ~ 2片，簇生，挺直，硬革质，扁平，剑形至倒披针形，长30 ~ 60厘米，有白绿色和深绿色相间的横带斑纹。花莛高30 ~ 80厘米；花3 ~ 8朵簇生，在花序轴上疏散排列成总状花序。果为浆果，直径约7 ~ 8毫米。花期11 ~ 12月。

习性及分布：喜光，喜温暖、湿润的环境，耐旱，耐荫；喜排水良好的砂质土壤。原产于非洲西部。

园林应用：叶片坚挺直立，叶面有灰白和深绿相间。为常见的室内盆栽观叶植物，适合布置装饰书房、客厅、卧室等场所；也可应用于花坛、花境。

知识拓展：福建常见的栽培种类尚有金边虎尾兰 *Sansevieria trifasciata* var. *laurentii* (De Wildem.) N. E. Brown、棒叶虎尾兰 *Sansevieria cylindrica* Bojer ex Hook.，习性与用途同虎尾兰。

1. 虎尾兰
2. 棒叶虎尾兰
3. 金边虎尾兰

吉祥草

百合科吉祥草属

学名：*Reineckea carnea* (Andrews) Kunth

别名：观音草

形态特征：多年生草本；茎匍匐。茎顶端具叶簇，每叶簇有叶3～8片；叶条形至披针形。花葶短于叶，穗状花序多花；花芳香，粉红色，花被片合生成短管状，上部6裂，裂片反卷。果为浆果，球形，直径6～10毫米，红色。花期8～9月。

习性及分布：喜半荫，喜温暖、湿润的环境；喜肥沃、排水良好的土壤。分布于浙江、江苏、湖南、陕西、四川、云南。日本也有。

园林应用：株形优美，叶色青翠。装入各式各样的金鱼缸或其他玻璃器皿中进行水养栽培；作为地被栽植于花坛、花境。

知识拓展：全株入药。

蜘蛛抱蛋

百合科蜘蛛抱蛋属

学名：*Aspidistra elatior* Bl.

别名：大叶万年青、一叶兰

形态特征：多年生常绿草本；根状茎圆柱形。叶单生；叶柄细长，长 10 ~ 30 厘米，坚硬；叶片矩圆状披针形至狭矩圆形，长 13 ~ 36 厘米，顶端渐尖，基部近楔形，绿色。总花梗长 2.5 ~ 5 厘米；花被钟状，内面橙绿色或带紫色，有 2 ~ 4 条稍明显的脊状隆起和多数小乳突。

习性及分布：喜半荫，喜温暖、湿润的环境，耐寒。分布于广东、台湾、浙江、四川、湖北。

园林应用：叶形挺拔，叶色浓绿，姿态优美。是室内绿化装饰的优良观叶植物；也可栽植于公园林下或花坛。

知识拓展：同属植物洒金蜘蛛抱蛋习性与用途同蜘蛛抱蛋。

1 ~ 2. 蜘蛛抱蛋
3. 洒金蜘蛛抱蛋

非洲天门冬

百合科天门冬属

学名：*Asparagus densiflorus* (Kunth) Jessop

别名：吊松、非洲文竹、羊齿竹

形态特征：多年生亚灌木，多少攀援。叶状枝扁平，条形，每 3(1 ~ 5) 枚成簇，长 1 ~ 3 厘米，宽仅 1.5 ~ 2.5 毫米；叶退化成鳞片状，基部具长约 3 ~ 5 毫米的硬刺。花两性，组成总状花序，单生或成对；花白色；雄蕊 6 枚。浆果近球形，直径约 1 厘米，成熟时红色。

习性及分布：喜光，喜温暖的环境，耐旱，耐瘠薄，耐荫，忌积水。原产于非洲南部。

园林应用：枝密叶细，全年翠绿。盆栽或悬垂应用，可布置会场，装饰窗台，作室内吊挂；也可应用于花坛、花境。

知识拓展：其栽培种'迈氏'非洲天门冬 *Asparagus densiflorus* 'Myersii' 习性与用途同非洲天门冬。

1 ~ 3. 非洲天门冬
4. '迈氏'非洲天门冬

文 竹

百合科天门冬属

学名：*Asparagus setaceus* (Kunth) Jessop

别名：平面草、云片竹、刺文竹

形态特征：攀援植物；根细长，稍肉质；茎多分枝，近平滑。叶状枝刚毛状，长4～5毫米，稍3棱，常10～13枚成簇。叶退化成膜质鳞片状，基部有刺状距或距不明显。花两性，常单生或几朵簇生，腋生；花白色，有短梗；花被6片。浆果球形，直径约6～7毫米，成熟时紫黑色。

习性及分布：喜半荫，喜温暖、湿润的环境，不耐寒，不耐旱，忌阳光直射；喜疏松、肥沃、排水良好的砂质土壤。原产于非洲南部。

园林应用：姿态优美，枝干细柔，层次分明。做盆景置于阳台或室内。

知识拓展：同属植物松叶武竹 *Asparagus macowanii* Baker 习性与用途同文竹。

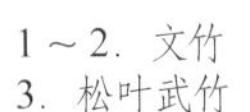

1～2. 文竹
3. 松叶武竹

山麦冬

百合科山麦冬属

学名：*Liriope spicata* (Thunb.) Lour.

别名：土麦冬、大麦冬、麦冬

形态特征：多年生草本；根多分枝，近末端处常膨大成矩圆形或纺锤形肉质小块根。叶基生成丛，狭长条形。花莛直立；总状花序轴长 6 ～ 18 厘米，有多数花，常数朵簇生于苞片腋内；花被 6 片，淡紫色或淡蓝色。种子近球形，直径约 5 毫米。花期 4 ～ 7 月。果期 8 ～ 9 月。

习性及分布：喜阴湿的环境，忌阳光直射；喜湿润、肥沃的土壤。广泛分布于全国各地。

园林应用：用作花坛、花境的镶边材料；可林荫下种植或盆栽。

知识拓展：块根入药。

沿阶草

百合科沿阶草属

学名：*Ophiopogon bodinieri* Lévl.

别名：白花麦冬、书带草

形态特征：根纤细，近末端处有时有膨大成纺锤形的小块根；具地下匍匐走茎。叶基部丛生，禾叶状。花葶较叶短或与叶几等长，总状花序轴长 1 ~ 7 厘米；花常单生或双生于苞片腋内。果实近球形，直径约 0.5 厘米左右。花期 6 ~ 7 月。果期 8 ~ 9 月。

习性及分布：喜半荫，喜湿润的环境，耐旱，耐寒。分布于台湾、广西、云南、湖北、河南、甘肃。

园林应用：常作观赏草坪或林缘镶边，应用于花坛、花境；或盆栽。

知识拓展：小块根入药。同属植物麦冬 *Ophiopogon japonicus* (Linn. f.) Ker-Gawl.、剑叶沿阶草 *Ophiopogon jaburan* (Kunth) Lodd. 习性与用途同沿阶草。

1 ~ 3. 沿阶草
4. 麦冬
5 ~ 6. 剑叶沿阶草

龙舌兰

龙舌兰科龙舌兰属

学名：*Agave americana* Linn.

别名：百年兰、剑麻、世纪树

形态特征：多年生粗壮草本，具短茎。叶大型，肉质，灰绿色，有白粉，狭倒披针形，长达 2 米，中部宽达 15 ～ 20 厘米，顶端有暗褐色的硬尖刺，刺长 1.5 ～ 2.5 厘米，边缘具疏密不等的刺。圆锥花序顶生，高达 12 米，多分枝；花黄绿色。蒴果长圆形。

习性及分布：喜光，喜温暖、干燥的环境，稍耐寒，耐荫，耐旱；喜肥沃、排水良好的砂质土壤。原产于美洲热带地区。

园林应用：叶片坚挺美观，四季常青。常用于盆栽；或应用于花坛、庭院。

知识拓展：园艺品种较多。叶可提取纤维。同属植物金边龙舌兰 *Agave americana* var. *variegata* Nichols、银边龙舌兰 *Agave angustifolia* ‘Marginata’、狭叶龙舌兰 *Agave angustifolia* Haw.、‘黄纹’巨麻 *Furcraea foetida* ‘Mediopicta’ 习性与用途同龙舌兰。

1. 龙舌兰
2. 银边龙舌兰
3. 狭叶龙舌兰
4. 金边龙舌兰
5. ‘黄纹’巨麻

君子兰

石蒜科君子兰属

学名：*Clivia miniata* (Lindl.) Bosse
别名：剑叶石蒜、红花君子兰

形态特征：多年生草本；具明显的假鳞茎。叶较厚，倒披针状带形，长达50厘米，宽3～5厘米。花排成伞形花序；花直立，阔漏斗状，红中带黄色；花被裂片倒披针形，外轮3裂片顶端稍凸尖，内轮3裂片顶端微凹。浆果阔卵形。花期春夏。

习性及分布：喜荫，喜凉爽的气候，忌高温；喜肥沃、排水良好的土壤。原产于非洲。

园林应用：株形端庄优美，叶片苍翠挺拔，花大色艳，果实红亮。应用于花坛；或盆栽观赏。

知识拓展：同属植物垂笑君子兰 *Clivia nobilis* Lindl. 习性与用途同君子兰。

1～2. 君子兰
3～4. 垂笑君子兰

韭莲

石蒜科葱莲属

学名：*Zephyranthes carinata* Herb.

别名：韭兰、风雨花、红花葱兰

形态特征：多年生草本，高 20 ~ 30 厘米；鳞茎卵形，直径达 3 厘米。叶线形，扁平。佛焰苞状总苞片常带淡紫红色，下部合生；花粉红色或玫瑰红色。蒴果近球形。花期夏季。

习性及分布：喜光，喜温暖、湿润的环境，耐半荫；喜排水良好、富含腐殖质的砂质土壤。原产于墨西哥。

园林应用：叶丛碧绿，花粉红色，鲜艳夺目，美丽雅致。适合作花坛、花境和草地镶边，也可盆栽观赏。

知识拓展：全草、鳞茎入药。同属植物葱莲 *Zephyranthes candida* (Lindl.) Herb. 习性与用途同韭莲。

1 ~ 3. 韭莲
4 ~ 5. 葱莲

文殊兰

石蒜科文殊兰属

学名：*Crinum asiaticum* var. *sinicum* (Roxb. ex Herb.) Baker

别名：十八学士、白花石蒜

形态特征：多年生草本，植株粗壮；鳞茎近于长柱形。叶稍肉质，线状披针形。花茎直立，稍扁；伞形花序有花数朵至约20朵；花高脚杯状，稍有芳香味；花被顶部白色，其余稍红褐色。蒴果近球形。花期夏季。

习性及分布：喜温暖、湿润的环境，稍耐荫，耐盐碱。分布于台湾、广东、广西、海南。

园林应用：植株粗壮，叶多，常绿，花色淡雅。应用于花坛、花境；或盆栽观赏。

知识拓展：叶、根药用。同属植物红花文殊兰 *Crinum* × *amabile* Donn 习性与用途同文殊兰。

1～3. 文殊兰
4. 红花文殊兰

水鬼蕉

石蒜科水鬼蕉属

学名：*Hymenocallis littoralis* (Jacq.) Salisb.
别名：蜘蛛兰、美洲蜘蛛兰

形态特征：多年生草本，高 40 ～ 50 厘米。叶 10 ～ 14 枚，基生；叶片剑形。伞形花序有花 3 ～ 8 朵，着生于花茎的顶端，下有佛焰苞状的总苞；花白色；花被管较细。花期 7 ～ 9 月。果期 10 ～ 11 月。
习性及分布：喜温暖、湿润的气候，不耐寒；喜疏松、肥沃、排水良好的砂质土壤。原产于美洲热带。
园林应用：花形奇特，花姿潇洒，色彩素雅，有香气。应用于庭园、花坛、花境。
知识拓展：叶入药。

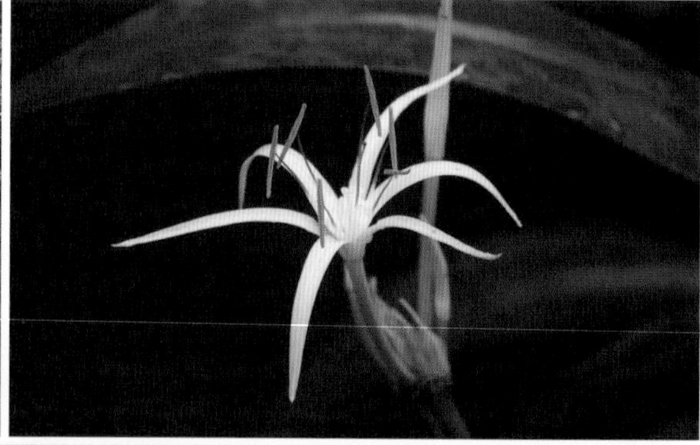

朱顶红

石蒜科朱顶红属

学名：*Hippeastrum rutilum* (Ker-Gawl.) Herb.

别名：红花莲、朱顶兰

形态特征：多年生草本；鳞茎球形或近球形。叶稍肉质，线形，长约 40 厘米，宽 2 ～ 6 厘米。花茎直立，高 40 ～ 70 厘米；伞形花序有花数朵；花漏斗状，内轮 3 片较狭。蒴果球形或近球形，3 裂。花期春夏。

习性及分布：喜半荫，喜湿润的环境，不耐寒，忌水涝；喜疏松、富含有机质、排水良好的土壤。原产于南美洲。

园林应用：叶厚有光泽，花色柔和艳丽，花朵硕大肥厚。适于盆栽装饰居室、客厅、过道和走廊；也可用于庭院栽培；或配植花坛；又可作鲜切花使用。

知识拓展：鳞茎入药。同属植物白肋朱顶红 *Hippeastrum reticulatum* (L' Hér.) Herb. 习性与用途同朱顶红。

1 ～ 3. 朱顶红
4 ～ 5. 白肋朱顶红

石蒜

石蒜科石蒜属

学名：*Lycoris radiata* (L' Hér.) Herb.

别名：老鸦蒜、鬼蒜、红花石蒜

形态特征：多年生草本；鳞茎近球形。叶基生，线形或带形。伞形花序有花 4 ～ 9 朵；花红色；花被裂片狭倒披针形，明显皱缩和向后反卷；雄蕊长为花被裂片的 2 倍。花期 8 ～ 11 月。

习性及分布：喜荫，耐寒；喜肥沃、排水良好的砂质土壤。分布于长江流域以南。日本也有。

园林应用：花茎亭亭玉立，雄蕊及花柱突出甚长，非常美丽。可丛植、片植，作林下地被花卉、花境或山石间栽植；也可盆栽观赏。

知识拓展：鳞茎入药，有毒。同属植物忽地笑 *Lycoris aurea* (L' Hér.) Herb. 习性与用途同石蒜。

1 ～ 3. 石蒜
4 ～ 6. 忽地笑

水 仙

石蒜科水仙属

学名：*Narcissus tazetta* var. *chinensis* Roem.

别名：水仙花、中国水仙

形态特征：多年生草本。鳞茎卵球形。叶稍厚，线形。伞形花序有花数朵至10余朵，具膜质的佛焰苞状总苞；花极芳香，平伸或下垂；花高脚碟状，花被6裂，裂片近倒卵形，白色；副花冠碗状，黄色。蒴果。花期冬季至翌年春季。

习性及分布：喜温暖、湿润的环境。原产于地中海沿岸。

园林应用：形如盏状，花味清香。应用于花坛；也可盆栽观赏。

知识拓展：水仙是我国的传统名花，为全国重点花卉之一，具有品、色、香、姿、韵五绝，故历来颇受人们的喜爱与赞美，多被雕刻培育成各种各样的盆景以供观赏；鳞茎、花可入药，鳞茎有毒，应慎用。同属植物欧洲水仙 *Narcissus tazetta* Linn. 习性与用途同水仙。

1～3. 水仙
4～5. 欧洲水仙

南非百子莲

石蒜科百子莲属

学名：*Agapanthus africanus* Hoffmg.

别名：百子兰、非洲百合

形态特征：多年生草本，有根状茎。叶线状披针形，近革质。花茎直立，高可达 60 厘米；伞形花序，有花 10 ~ 50 朵；花漏斗状，深蓝色或白色；花药最初为黄色，后变成黑色。花期 7 ~ 8 月。

习性及分布：喜光，喜温暖、湿润的环境，稍耐寒；喜疏松、肥沃的砂质土壤。原产于南非。

园林应用：叶色浓绿，花形秀丽。适合盆栽作室内观赏；在南方置半荫处栽培，作岩石园和花径的点缀植物。

唐菖蒲

鸢尾科唐菖蒲属

学名：*Gladiolus × gandavensis* Van Houtte

别名：八百锤、荸荠莲、菖兰

形态特征：多年生草本；球茎扁圆形。叶基生或在花茎基部互生，剑形，互相套叠排成 2 列。花茎直立，圆柱形；花排成顶生穗状花序；花大而美丽，左右对称，红色、黄色或白色。蒴果椭圆形或倒卵形，成熟时室背开裂；种子多数，扁而有翅。花期 7 ～ 12 月。果期 8 ～ 12 月。

习性及分布：喜光，喜凉爽的环境，忌寒冻；喜肥沃、深厚的砂质土壤。原产于南非。

园林应用：著名的观赏花卉，应用于花坛、花境，矮生品种可盆栽观赏；也是切花材料。

知识拓展：球茎供药用；本种对氟化氢敏感，可用以监测大气氟化物污染。

雄黄兰

鸢尾科雄黄兰属

学名：*Crocosmia* × *crocosmiiflora* (Lemoine) N.E.Br.

别名：火星花、射干菖蒲、观音兰

形态特征：多年生草本。球茎扁圆形。叶多基生，剑形或条形；茎生叶较短而狭，披针形。花茎细长，上部有2～4个分枝；花多数，排成疏散的穗状花序；花左右对称，橙黄色，每朵花的基部有2片苞片；苞片膜质，宽卵形。蒴果三棱状球形。花期7～8月。

习性及分布：喜光，耐寒；喜疏松、肥沃、排水良好的砂质土壤。分布于江西、湖北、广西、西藏。

园林应用：北方多为盆栽，南方则露地栽培，用于布置花坛及绿化庭园。

知识拓展：球茎有小毒，供药用。栽培种‘金星’（‘Lucifer’）用途同雄黄兰。

1. 雄黄兰
2. ‘金星’雄黄兰

射干

鸢尾科射干属

学名：*Belamcanda chinensis* (Linn.) DC.

别名：扁菊、草姜、蝴蝶花

形态特征：多年生直立丛生草本；根状茎粗厚，横走，呈不规则的结节状。叶互生，2列，剑形。花序顶生，二歧分枝，成伞房状聚伞花序，每分枝顶端聚生数花；花橙红色，有深红色斑点；花被裂片6片。蒴果倒卵形，室背开裂；种子多数，球形，黑色，有光泽。花期6～11月。果期8～11月。

习性及分布：喜光，喜温暖的环境，耐旱，耐寒；喜疏松、肥沃、排水良好的砂质土壤。广布于全国各地。朝鲜、日本、印度、越南也有。

园林应用：花形飘逸，应用于花坛、花境。

知识拓展：根状茎药用。

黄菖蒲

鸢尾科鸢尾属

学名：*Iris pseudacorus* Linn.

别名：黄鸢尾、水生鸢尾

形态特征：多年生草本，植株基部围有少量老叶残留的纤维；根状茎粗壮。基生叶灰绿色，宽剑形。花茎粗壮，高60～70厘米；花黄色，直径10～11厘米；外花被裂片卵圆形或倒卵形，内花被裂片较小，倒披针形，直立。花期5月。果期6～8月。

习性及分布：喜光，耐半荫，耐旱，耐水湿，耐寒。原产于欧洲。

园林应用：花色黄艳，花姿秀美。适应范围广泛，可在水边露地栽培，亦可在水中挺水栽培。同属植物玉蝉花 *Iris ensata* Thunb. 习性与用途同黄菖蒲。

1

2

1～2. 黄菖蒲
3～9. 玉蝉花

蝴蝶花

鸢尾科鸢尾属

学名：*Iris japonica* Thunb.

别名：日本鸢尾、豆豉草

形态特征：多年生草本；具较粗的直立根状茎及纤细横走的根状茎。叶基生，剑形。花茎直立，高于叶，花茎分枝呈总状排列；花多数，排成顶生、长而稀疏的总状聚伞花序；花淡蓝色或淡紫色。蒴果椭圆状圆柱形。花期 2 ~ 4 月。果期 5 ~ 6 月。

习性及分布：耐荫，耐寒；喜肥沃、湿润的土壤。分布于广东、湖南、云南、浙江、江苏。日本也有。

园林应用：应用于花坛、花境。

知识拓展：全草供药用。

鸢尾

鸢尾科鸢尾属

学名：*Iris tectorum* Maxim.

别名：蓝蝴蝶、百样解、扁雀、大救架

形态特征：多年生草本；根状茎短而粗壮，坚硬。叶基生，薄纸质，宽剑形。花茎不分枝或2分枝，通常有花1～4朵；花大而美丽，蓝紫色，花被裂片6片，排成两轮。蒴果长椭圆形，具6棱。花期4～5月。果期6～8月。

习性及分布：喜光，耐半荫，耐寒；喜富含腐殖质、排水良好的土壤。分布于广西、湖南、云南、四川、浙江、陕西。缅甸、日本也有。

园林应用：叶片碧绿青翠，花形大而奇特，宛若翩翩彩蝶，是庭园中的重要花卉之一；也是优美的盆花、切花和花坛用花。

知识拓展：根状茎供药用；对氟化物敏感，可用来监测大气氟化物污染。同属植物西伯利亚鸢尾 *Iris sibirica* Ker Gawl. 习性与用途同鸢尾。

1～2. 鸢尾
3～4. 西伯利亚鸢尾

小苍兰

鸢尾科香雪兰属

学名：*Freesia refracta* Klatt
别名：香雪兰、洋晚香玉

形态特征：多年生矮小草本；球茎狭卵形或卵圆形。叶基生，条形或剑形。花茎直立，柔弱，上部有 2 ~ 3 个分枝；花排成顶生的螺壳状聚伞花序，淡黄色或绿黄色，芳香；花狭漏斗状，花被裂片 6 片。蒴果小，近卵圆形。花期 3 ~ 5 月。

习性及分布：喜光，喜温暖、湿润的环境；喜疏松、肥沃的砂质土壤。原产于非洲南部。

园林应用：株态清秀，花色丰富浓艳，芳香。庭园中常见栽培，北方多盆栽观赏；也是重要的切花材料。

知识拓展：花含芳香油，可提取香精。

地涌金莲

芭蕉科地涌金莲属

学名：*Musella lasiocarpa* (Franch.) C. Y. Wu ex H. W. Li

别名：地金莲、地涌莲、地莲花

形态特征：植株丛生，根状茎水平生长；假茎高不及 50 厘米。叶长椭圆形，两侧对称，被白粉霜；叶柄短，叶鞘宿存于假茎上。花序直立，直接生于假茎上，密集成球穗状，黄色或淡黄色，有花 2 列，每列 4 ～ 5 花。浆果卵状三棱形。

习性及分布：喜光，喜温暖的气候；喜疏松、肥沃的土壤。产于云南中部及西部金沙江河谷。

园林应用：盆栽观赏；应用于花坛；也可与山石配置成景或植于窗前。

知识拓展：地涌金莲是佛经中规定寺院里必须种植“五树六花”之一。

芭蕉

芭蕉科芭蕉属

学名：*Musa basjoo* Siebold

别名：板焦、牙焦、牛独心

形态特征：多年生高大草本。叶片长圆形，长 1.5 ～ 2.5 米，宽 25 ～ 35 厘米，全缘，叶面绿色，有光泽；叶柄粗壮，长 25 ～ 30 厘米，翼明显。花序轴粗壮，俯倾，苞片紫红色或红褐色，雄花序生于花序上部，雌花序生于花序下部；每一苞片内有花 10 余朵，排成 2 列。果长圆状，3 ～ 5 棱，近无柄。

习性及分布：喜温暖的环境，稍耐寒，耐半荫；喜疏松、肥沃、透气性良好的土壤。广布于长江流域。

园林应用：宜植于小型庭院的一角、窗前墙边或假山之畔；宜散点或几株丛植。

知识拓展：果不能食用；民间以根、叶入药；假茎纤维可造纸及作纺织原料。同属植物红蕉 *Musa coccinea* Andr.、野蕉 *Musa balbisiana* Colla 习性与用途同芭蕉。

1～3. 芭蕉
4～5. 红蕉
6. 野蕉

鹤望兰

芭蕉科鹤望兰属

学名：*Strelitzia reginae* Ait.

别名：极乐鸟、天堂鸟花

形态特征：多年生草本，无茎。叶片长圆状披针形，长 25 ～ 45 厘米，宽约 10 厘米；叶柄长过叶片或与叶片近等长。花数朵生于总梗上，下托 1 枚佛焰苞，佛焰苞舟状，长达 20 厘米，绿色，边缘紫红色；箭头状花瓣基部具耳状裂片，宝蓝色。花期冬季。

习性及分布：喜温暖、湿润的环境，不耐寒，忌强光；喜疏松、肥沃的土壤。原产于非洲南部。

园林应用：叶大姿美，四季常青，花形奇特，美丽壮观。盆栽观赏；布置花坛。

知识拓展：同属植物大鹤望兰 *Strelitzia nicolai* Regel et Koern. 习性与用途同鹤望兰。

1

2　3

4

1 ～ 2. 鹤望兰
3 ～ 4. 大鹤望兰

黄蝎尾蕉

蝎尾蕉科蝎尾蕉属

学名：*Heliconia subulata* Ruiz & Pav.

别名：黄鹂鸟蕉、黄鸟蕉

形态特征：多年生草本植物；株高3.5～4.5米，茎、叶柄和下部叶片具白粉。叶片长圆状披针形。花序顶生，直立，花序轴黄色至黄白色，船形苞片6～10枚，呈金黄色，边缘和顶端绿色；花梗白色，子房白色。花期8～12月。

习性及分布：喜半荫，喜温热、湿润的环境，不耐寒，忌烈日暴晒；喜肥沃、疏松、排水良好的土壤。

园林应用：叶片深绿色，花序直立，苞片鲜黄色。盆栽观赏适合于宾馆前厅布置。南方用来配置园中的岩石旁、水边、林下，呈现热带风情。

艳山姜

姜科山姜属

学名：*Alpinia zerumbet* (Pers.) Burtt. et Smith

别名：玉桃、月桃、草蔻

形态特征：植株高达 3 米。叶片披针形或长圆状披针形，长 30 ~ 65 厘米，宽 5 ~ 9 厘米，顶端渐尖而有 1 个旋卷的小尖头。花排成下垂的圆锥花序，分枝上有花 1 ~ 2 朵；花白色而顶端粉红色。蒴果卵圆形，直径约 2 厘米，具显露的条纹，成熟时橙红色。花期 4 ~ 6 月。果期 7 ~ 10 月。

习性及分布：喜温暖、湿润的气候，稍耐寒；喜疏松、肥沃的土壤。产于我国东南部至西南部。

园林应用：叶片宽大，色彩绚丽迷人，是优良的观叶植物。应用于花坛、花境；种植在溪水旁或树荫下。

知识拓展：根茎及果实入药；叶鞘纤维可编绳。其栽培种‘花叶’艳山姜 *Alpinia zerumbet*‘Variegata’习性与用途同艳山姜。

1 ~ 3. 艳山姜
4 ~ 5. 花叶艳山姜

大花美人蕉

美人蕉科美人蕉属

学名：*Canna* × *generalis* L.H. Bailey & E.Z. Bailey

别名：大美人蕉、鸳鸯美人蕉

形态特征：植株高约 1.5 米；茎、叶和花序均被白粉。叶片椭圆形，长可达 40 厘米，宽可达 20 厘米。总状花序顶生，每一苞片内有花 1 ～ 2 朵；花颜色多种，有红、橘红、淡黄、白色等，长约 4.5 厘米，宽 1.2 ～ 4 厘米；子房球状，花柱带形。

习性及分布：喜光，喜高温的环境，耐湿，稍耐寒；喜肥沃的土壤。我国南部常见。

园林应用：叶片翠绿，花朵艳丽。宜作花境背景或在花坛中心栽植；也可成丛或成带状种植在林缘、草地边缘。

知识拓展：同属植物美人蕉 *Canna indica* L.、'金脉' 美人蕉 *Canna* × *generalis* 'Striata'、蕉芋 *Canna indica* 'Edulis' Ker-Gawl.、兰花美人蕉 *Canna orchioides* Bailey、粉美人蕉 *Canna glauca* L. 习性与用途同大花美人蕉。

1～4．大花美人蕉
5．美人蕉
6～7．金脉美人蕉
8．蕉芋
9．兰花美人蕉
10～11．粉美人蕉

水竹芋

竹芋科水竹芋属

学名：*Thalia dealbata* Fraser

别名：再力花、水生竹芋

形态特征：多年生挺水草本。叶卵状披针形，浅灰蓝色，边缘紫色，长50厘米，宽25厘米。复总状花序，花小，紫堇色。全株附有白粉。

习性及分布：喜光，喜温暖、水湿的环境，稍耐寒，耐半荫，不耐旱。原产于美国南部和墨西哥。

园林应用：植株高大美观，叶色翠绿可爱，是水景绿化的上品花卉。常成片种植于水池或湿地；也可盆栽观赏或种植于庭院水体景观中。

知识拓展：同属植物垂花水竹芋 *Thalia geniculata* L. 习性与用途同水竹芋。

1～3. 水竹芋
4～6. 垂花水竹芋

白及

兰科白及属

学名：*Bletilla striata* (Thunb. ex A. Murray) Rchb. f.

别名：**双肾草、西牛角、白及子**

形态特征：草本，高 15 ～ 50 厘米；假鳞茎扁球形；茎粗壮，劲直。叶 3 ～ 6 片，宽披针形或长圆形。总状花序，具 4 ～ 6 朵花；花玫瑰红色或淡紫红色；萼片和花瓣狭长圆形；唇瓣倒卵状椭圆形，中部以上 3 裂。蒴果圆柱状，栗色。花期 3 ～ 4 月。

习性及分布：喜温暖、湿润的环境，稍耐寒，忌强光。分布于长江流域。日本、朝鲜也有。

园林应用：端庄而优雅，花有白、蓝、黄和粉等色。布置于花坛、花径、山石旁丛植；也可盆栽室内观赏；或布置兰花园。

知识拓展：假鳞茎药用。同科植物竹叶兰 *Arundina graminifolia* (D. Don) Hochr. 习性与用途同白及。

1 ～ 2. 白及
3 ～ 4. 竹叶兰

建 兰

兰科兰属

学名：*Cymbidium ensifolium* (Linn.) Sw.

别名：八月兰、剑叶兰、兰花

形态特征：草本；略具假鳞茎。叶2～6片丛生，带形，较柔软，弯曲而下垂，薄革质，略有光泽。花葶直立，较叶为短，高20～40厘米，具4～10朵花或更多；花瓣较短，浅黄绿色具紫色斑纹，有清香。花期4～11月。

习性及分布：喜半荫，喜温暖、湿润的环境，稍耐寒，忌强光，忌水涝；喜疏松、肥沃、排水良好的土壤。分布于广东、广西、湖南、云南、四川、台湾、浙江。印度东北部经泰国至日本也有。

园林应用：盆栽观赏，置于阳台、客厅、花架和小庭院台阶；或布置兰花园。

知识拓展：同属植物春兰 *Cymbidium goeringii* (Rchb. f.) Rchb. f.、虎头兰 *Cymbidium hookerianum* Rchb. f.、大花蕙兰 *Cymbidium hybrida*、寒兰 *Cymbidium kanran* Makino、墨兰 *Cymbidium sinense* (Jackson ex Andr.) Willd. 习性与用途同建兰。

1～2. 建兰
3. 春兰
4. 虎头兰
5. 大花蕙兰
6. 寒兰
7. 墨兰

鹤顶兰

兰科鹤顶兰属

学名：*Phaius tancarvilleae* (L' Hér.) Blume

别名：大花鹤顶兰

形态特征：草本；植株较高大，高达 60 厘米；假鳞茎圆锥形，顶生 2 ~ 6 片叶。叶卵状披针形或披针形。花莛从假鳞茎顶侧长出，直立，较粗壮，长达 90 厘米；总状花序顶生，具较多数花；花大，萼片和花瓣背面白色，唇瓣背面前部紫色。花期 3 ~ 4 月。

习性及分布：喜半荫，喜温暖、湿润的环境，忌旱，忌瘠薄，稍耐寒；喜疏松、肥沃、排水良好的微酸性土壤。分布于广东、云南。日本、亚洲热带其它地区也有。

园林应用：盆栽观赏；或布置兰花园；也可作鲜切花。

知识拓展：同属植物黄花鹤顶兰 *Phaius flavus* (Bl.) Lindl. 习性与用途同鹤顶兰。

1 ~ 2. 鹤顶兰
3 ~ 4. 黄花鹤顶兰

蝴蝶兰

兰科蝴蝶兰属

学名：*Phalaenopsis aphrodite* Rchb. f.

别名：蝶兰、台湾蝴蝶兰

形态特征：附生草本；茎短，常被叶鞘所包。叶片稍肉质，常3～4枚或更多，椭圆形，长圆形或镰刀状长圆形。花序侧生于茎的基部，长达50厘米，不分枝或有时分枝；花序柄绿色，常具数朵由基部向顶端逐朵开放的花；花色丰富。花期4～6月。

习性及分布：喜温暖、湿热的环境；喜疏松、肥沃的土壤。分布于欧亚、北非、北美和中美和我国台湾。

园林应用：盆栽观赏；或布置兰花园。

花叶冷水花

荨麻科冷水花属

学名：*Pilea cadierei* Gagnep. et Guill.

别名：白斑叶冷水花、白雪草

形态特征：多年生草本或灌木状，高达 40 厘米，无毛。叶同对的近等大，倒卵形，上面中央有 2 条间断白斑，钟乳体梭形，两面明显，基出脉 3 条。花雌雄异株；雄花序头状，常成对腋生；雌花花被片 4，近等长。花期 9 ~ 11 月。

习性及分布：喜温暖的环境，喜荫，耐湿；喜排水良好的砂质土壤。原产于越南中部山区。

园林应用：翠绿光润，清新秀丽。可作地被、盆栽观赏。

头花蓼

蓼科萹蓄属

学名：*Polygonum capitatum* Buch.-Ham. ex D. Don

别名：**草石椒、省丁草、石头花**

形态特征：多年生草本。茎匍匐，丛生，节部生根。叶卵形或椭圆形，叶上面有时具黑褐色新月形斑点。花序头状，直径 6 ~ 10 毫米，单生或成对，顶生；花被 5 深裂，淡红色。瘦果长卵形，具 3 棱。花期 6 ~ 9 月。果期 8 ~ 10 月。

习性及分布：喜温暖、湿润的环境；喜疏松、肥沃的土壤。产福建、湖南、四川、贵州、广西、云南等地。印度北部、尼泊尔、不丹、缅甸及越南也有。

园林应用：应用于花坛、花境。

知识拓展：全草入药。

鸡冠花

苋科青葙属

学名：*Celosia cristata* Linn.

别名：大鸡公苋、红鸡冠

形态特征：一年生草本，茎直立。叶披针形、卵状披针形或卵形。花红色、黄色、橙色、紫色或杂色，排成顶生的穗状花序，通常分枝呈阔扁的鸡冠状或羽毛状。胞果盖裂，种子扁球形，黑色，有光泽。花期全年。

习性及分布：喜光，喜湿热的环境，不耐霜冻，不耐瘠薄；喜疏松、肥沃、排水良好的土壤。原产于印度。

园林应用：花序顶生，形状色彩多样。应用于花坛或盆栽观赏。

知识拓展：本种变种和变型较多。花可入药。同属植物‘凤尾’鸡冠 *Celosia cristata* ‘Plumosa’ 习性与用途同鸡冠花。

1～4. 鸡冠花
5～6. ‘凤尾’鸡冠

千日红

苋科千日红属

学名：*Gomphrena globosa* Linn.

别名：**百日红、火球花、龙帕棒**

形态特征：一年生草本，高 25 ～ 90 厘米；茎直立，节膨大。叶片椭圆形、长圆形或倒卵状长圆形。花紫红色、淡紫色或白色，密集成顶生、圆球形或圆柱形的头状花序，直径 1.5 ～ 2 厘米。胞果圆球形。花果期夏秋季。

习性及分布：喜光，耐旱，不耐寒；喜疏松、肥沃的土壤。原产于美洲热带地区。

园林应用：花期长，花色鲜艳，为优良的园林观赏花卉。应用于花坛、花境；还可用作花圈、花篮等。

知识拓展：花序入药。

紫茉莉

紫茉莉科紫茉莉属

学名：*Mirabilis jalapa* Linn.

别名：烟脂花、丁香花

形态特征：多年生直立草本；多分枝，高达 1 米。叶纸质，卵形或卵状三角形。总苞通常簇生于枝顶，绿色，每总苞内通常着生 1 朵花；花白色、红色、粉红色或黄色，基部膨大成球形而包裹子房，上部稍扩大呈喇叭状，顶端 5 裂。果卵形，直径约 5 毫米，黑色，具棱。

习性及分布：喜温暖、湿润的气候，不耐寒；喜疏松、肥沃的土壤。原产于美洲热带地区。

园林应用：应用于花坛、花境；也可盆栽观赏。

知识拓展：叶、根入药。

大花马齿苋

马齿苋科马齿苋属

学名：*Portulaca grandiflora* Hook.

别名：太阳花、半支莲、午时草

形态特征：一年生肉质草本，高 10 ~ 25 厘米；茎直立或披散。叶互生，圆柱形，托叶变成 1 束白色长柔毛，着生于叶腋。花大，单生或数朵生于枝顶，直径约 2.5 厘米，基部有 8 ~ 9 片轮生的叶状总苞；花瓣 5 片或重瓣。有白、黄、红、紫、粉红等色。蒴果盖裂，种子多数。花期 6 ~ 9 月。

习性及分布：喜光，喜温暖的环境，耐瘠薄；喜排水良好的砂质土壤。原产于巴西。

园林应用：花色繁多，甚美观。应用于花坛、花境。

知识拓展：同属植物‘阔叶’半枝莲 *Portulaca oleracea*‘granatus’、毛马齿苋 *Portulaca pilosa* Linn. 习性与用途同大花马齿苋。

1 ~ 4. 大花马齿苋
5 ~ 7.‘阔叶’半枝莲
8. 毛马齿苋

剪春罗

石竹科剪秋罗属

学名：*Lychnis coronata* Thunb.

别名：剪夏罗

形态特征：多年生草本，高 50 ～ 90 厘米。茎单生，稀疏丛生，直立。叶片椭圆状倒披针形或卵状倒披针形。二歧聚伞花序通常具数花；花直径 4 ～ 5 厘米；花瓣橙红色，瓣片轮廓倒卵形；副花冠片椭圆状。蒴果长椭圆形，长约 20 毫米。花期 6 ～ 7 月。果期 8 ～ 9 月。

习性及分布：喜湿润的环境，耐荫，耐寒；喜疏松、排水良好的土壤。原产于江苏、浙江、江西和四川。

园林应用：花美色艳，适宜成片植于疏林下；也可布置花坛、花境。

知识拓展：根或全草入药。

麦蓝菜

石竹科麦蓝菜属

学名：*Vaccaria hispanica* (Mill.) Rauschert

别名：王不留行、麦兰菜

形态特征：植株高 30 ～ 70 厘米；茎直立，上部呈叉状分枝，节略膨大。单叶对生，无柄；叶片卵状椭圆形至卵状披针形。聚伞花序顶生，花梗细长，总苞片及小苞片均 2 片对生，叶状；花瓣 5 片，粉红色，倒卵形。种子多数，黑紫色，球形，有明显粒状突起。

习性及分布：喜温暖的气候，忌水浸；对土壤要求不严格。分布于黑龙江、吉林、辽宁、河北、河南。

园林应用：应用于花坛、花境。

石竹

石竹科石竹属

学名：*Dianthus chinensis* Linn.

别名：洛阳花、十景花

形态特征：多年生草本，高 30 ~ 50 厘米；茎直立，簇生，上部分枝。叶线状披针形。花鲜红色、红色或白色，单生或排成疏散的聚伞花序；花瓣 5 片，扇状倒卵形，顶端有不整齐的浅齿裂。蒴果长圆形，长约 2.5 厘米，顶端 4 齿裂。种子卵形，稍扁，边缘具狭翅。

习性及分布：喜光，喜凉爽、湿润的气候，耐寒，耐旱，不耐酷暑；喜疏松、肥沃、排水良好的砂质土壤。分布于我国长江流域和北部。朝鲜也有。

园林应用：株型低矮，茎秆似竹，叶丛青翠，花色有白、粉、红、紫、淡紫、黄、蓝等色。应用于花坛、花境；或盆栽；也可用于岩石园和草坪边缘点缀；也可切花观赏。

知识拓展：全草供药用。同属植物瞿麦 *Dianthus superbus* Linn. 习性与用途同石竹。

1 ~ 3. 石竹
4 ~ 6. 瞿麦

肥皂草

石竹科肥皂草属

学名：*Saponaria officinalis* Linn.

别名：石碱花、草桂

形态特征：多年生草本，高30～70厘米；茎直立，不分枝，或上部分枝，常无毛。叶片椭圆形或椭圆状披针形。聚伞圆锥花序；苞片披针形，长渐尖；花萼筒状，绿色；花瓣白色或淡红色，爪狭长；副花冠片线形。蒴果长圆状卵形，长约15毫米。花期6～9月。

习性及分布：喜光，耐半荫，耐寒；对土壤的要求不严，在干燥地及湿地上均可生长良好。原产于地中海沿岸。

园林应用：应用于花坛、花境。

知识拓展：根入药；因含皂甙，可用于洗涤器物。

莲

莲科莲属

学名：*Nelumbo nucifera* Gaertn.

别名：荷花、莲花

形态特征：多年生水生草本；根状茎白色，长而肥厚，有节，节间膨大成纺锤形或柱形，内有蜂巢状孔道。叶圆形，盾状，常伸出水面。花大，美丽、芳香，单生于花梗顶端；花瓣多数，白色、粉红色或红色；花托倒圆锥形，顶端平，果期膨大，海绵质，有 15 ~ 30 个小孔，每孔内有 1 椭圆形子房。坚果椭圆形或卵形。花期 6 ~ 10 月。果期 8 ~ 11 月。

习性及分布：喜稳定的浅水、湖沼、泽地、池塘。我国南北各地区广泛分布。朝鲜、日本、印度、越南、亚洲南部和大洋洲也有。

园林应用：应用于荷花专类园。

知识拓展：水生经济植物，根状茎称藕，可作蔬菜或提制藕粉；莲子、叶及叶柄供药用。

白睡莲

睡莲科睡莲属

学名：*Nymphaea alba* Linn.

别名：白花睡莲、睡莲、子午莲

形态特征：多年生水生草本；根状茎匍匐。叶漂浮水面，纸质，近圆形，基部具深弯缺，裂片尖锐。花大，美丽，单生于花梗顶端；花瓣 20 ～ 25 片，白色，卵状长圆形。浆果扁平至半球形，种子椭圆形。花期 6 ～ 8 月。果期 8 ～ 10 月。

习性及分布：喜光，喜通风良好的环境；喜富含有机质的土壤。分布于浙江、山东、河北、陕西。印度、欧洲也有。

园林应用：叶片绿色光亮，花艳丽。可丛植于湖边、塘岸边，或点缀于庭园水景和临水假山。

知识拓展：同属植物红花睡莲 *Nymphaea rubra* Roxb. ex Andrews、延药睡莲 *Nymphaea stellata* Willd.、黄睡莲 *Nymphaea mexicana* Zucc. 习性与用途同白睡莲。

1. 白睡莲
2. 红花睡莲
3. 延药睡莲
4. 黄睡莲

秋牡丹

毛茛科银莲花属

学名：*Anemone hupehensis* var. *japonica* (Thunb.) Bowles et Stearn

别名：打破碗花花、土牡丹、银莲花

形态特征：多年生草本，高30～80厘米；根状茎长条状，粗壮；地上茎直立，被白色短柔毛。叶基生，三出复叶，有时为单叶，顶生小叶卵形或宽卵形，有3～5浅裂或不裂。花莛直立，聚伞花序2～5分枝；苞片3片，呈三出复叶状或单叶三深裂；萼片花瓣状，紫红色或紫色。花期7～10月。

习性及分布：喜光，喜温暖、湿润的环境，耐寒，忌高温，耐半荫，忌干旱；喜疏松、肥沃的砂质土壤。原产于我国中部。

园林应用：花大美丽，常为粉红或白色，清新幽雅。可用于花坛、花境，或盆栽观赏。

知识拓展：全草供药用。

野罂粟

罂粟科罂粟属

学名：*Papaver nudicaule* Linn.

别名：山罂粟、鸡蛋黄

形态特征：一年生草本，高 30 ～ 90 厘米；全株具开展的粗毛；茎直立。叶互生，宽卵形，羽状分裂。花单生，有长梗，花芽卵球形，初时弯垂，开花后直立；花瓣 4 片，紫红色，有时边缘白色或淡红色，或花瓣基部具深紫色斑块。花期 5 ～ 6 月。果期 6 ～ 7 月。

习性及分布：喜光，耐寒，忌暑热；喜肥沃、排水良好的砂质土壤。分布于东北、内蒙古、河北、山西、宁夏、新疆、西藏。

园林应用：花多彩多姿，应用于花坛、花境。

知识拓展：全草含虞美人碱，有镇痛、催眠作用；种子含油 40% 以上，种皮含吗啡、那可丁、蒂巴因等。同属植物虞美人 *Papaver rhoeas* Linn. 习性与用途同野罂粟。

1 ～ 3. 野罂粟
4. 虞美人

荷包牡丹

罂粟科荷包牡丹属

学名：*Dicentra spectabilis* (Linn.) Fukuhara

别名：鱼儿牡丹、荷包花、耳环花

形态特征：直立草本，高 30 ~ 60 厘米或更高。茎圆柱形，带紫红色。叶片轮廓三角形，二回三出全裂，背面具白粉。总状花序长约 15 厘米，有 8 ~ 11 朵花，于花序轴的一侧下垂；外花瓣紫红色至粉红色，下部囊状，先端圆形部分紫色。果未见。花期 4 ~ 6 月。

习性及分布：喜半荫，耐寒，不耐高温，不耐旱；喜肥沃、湿润、排水良好的砂壤土。产我国北部。

园林应用：花形奇特，应用于花坛、花境。

知识拓展：全草入药。

醉蝶花

白花菜科醉蝶花属

学名：*Tarenaya hassleriana* (Chodat) Iltis

别名：西洋白花菜、蜘蛛花

形态特征：一年生草本，高可达1米；茎直立，连同叶片、叶柄、花序轴和花梗、萼片被黏质腺毛，具强烈臭味，常有由托叶变成的小钩刺。叶为掌状复叶；小叶5～7片，纸质，椭圆状披针形。花粉红色或白色，排成顶生总状花序。蒴果圆柱形，长3.5～6厘米。花果期5～10月。

习性及分布：喜光，喜高温的气候，较耐热，忌寒冷。原产于热带美洲。

园林应用：应用于庭院墙边、树下，也应用于花坛、花境；盆栽可陈设于窗前案头。

羽衣甘蓝

十字花科芸薹属

学名：*Brassica oleracea* var. *acephala* DC.

别名：皱叶椰菜、卷叶菜

形态特征：一年或二年生草本植物，植株高 20 厘米，无分枝。叶宽大，广倒卵形，集生于茎基部，叶边缘有波状褶皱；叶柄有翼。总状花序；十字花冠，花小，淡黄色。花期 4 月。

习性及分布：喜凉爽的气候，耐寒，耐涝，耐盐碱；喜疏松、肥沃的土壤。原产于地中海沿岸地区。

园林应用：观赏期长，叶色鲜艳。在公园、街头、花坛作镶边或组成各种图案。

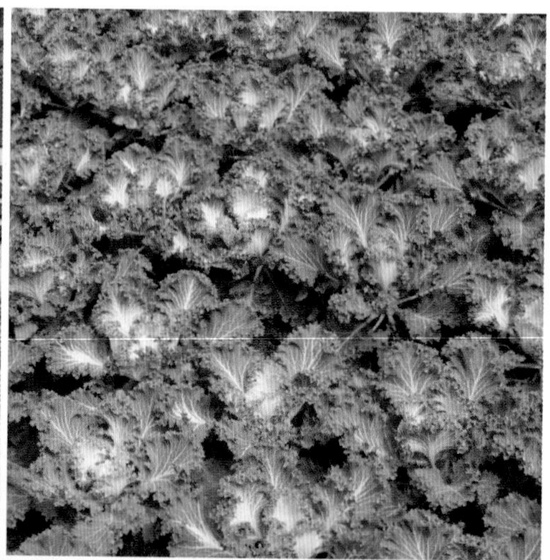

紫罗兰

十字花科紫罗兰属

学名：*Matthiola incana* (Linn.) R. Br.

别名：**草桂花、富贵花**

形态特征：二年生或多年生草本，高达 60 厘米，全株被灰白色星状绵毛；茎直立，多分枝。叶长圆形或倒披针形。总状花序顶生或腋生；花紫色、淡红色或白色，单瓣或重瓣。长角果圆柱形。花期 3 ～ 4 月。果期 4 ～ 5 月。

习性及分布：喜凉爽的气候，忌炎热，不耐荫，忌积水；对土壤要求不严。原产于欧洲。

园林应用：花朵茂盛，花色鲜艳，香气浓郁。盆栽，布置于花坛、台阶、花径；整株花朵可作为花束；也是重要的切花材料。

落地生根

景天科落地生根属

学名：*Bryophyllum pinnatum* (Lam.) Oken

别名：打不死、落地青

形态特征：多年生肉质草本，高 50 ～ 140 厘米；茎直立，有分枝，圆柱状，中空。叶为羽状复叶或茎上部为三小叶，或为单叶，对生，肉质，圆齿基部易生芽，芽长大后落地即长成一新植株。圆锥花序顶生，长达 40 厘米；花下垂，花萼钟状而肿胀，纸质；花冠高脚碟状，基部膨肿，向上狭缩成管。蓇葖果包在萼筒内。

习性及分布：喜光，喜温暖、湿润的环境，耐寒，耐旱；喜肥沃、排水良好的砂壤土。分布于广东、广西、云南、台湾。

园林应用：常见的多浆植物，盆栽布置窗台。

知识拓展：同属植物大叶落地生根 *Bryophyllum daigremontiana* Hamet & Perrier、棒叶落地生根 *Bryophyllum delagoense* (Eckl. & Zeyh.) Druce 习性与用途同落地生根。

1～3. 落地生根
4. 大叶落地生根
5. 棒叶落地生根

长寿花

景天科伽蓝菜属

学名：*Kalanchoe blossfeldiana* Poelln.

别名：矮生伽蓝菜、火炬花

形态特征：多年生草本植物；茎直立，株高 10 ～ 30 厘米。单叶交互对生，卵圆形。圆锥聚伞花序，挺直，花序长 7 ～ 10 厘米；每株有花序 5 ～ 7 个，着花 60 ～ 250 朵；花小，高脚碟状，花径 1.2 ～ 1.6 厘米，花瓣 4 片式重瓣；花粉红、绯红或橙红色。花期 1 ～ 4 月。

习性及分布：喜光，喜温暖、湿润的环境，不耐寒；喜肥沃的砂质土壤。原产于非洲。

园林应用：植株小巧玲珑，株型紧凑，叶片翠绿，花朵密集，是冬春季理想的室内盆栽花卉。可用于花坛、花境。

八宝

景天科八宝属

学名：*Hylotelephium erythrostictum* (Miq.) H. Ohba

别名：活血三七、八宝景天

形态特征：多年生草本；块根胡萝卜状；茎直立，高30 ~ 70厘米，不分枝。叶对生，少有互生或3叶轮生，长圆形至卵状长圆形。伞房状花序顶生；花密生，直径约1厘米；花瓣5，白色或粉红色。花期8 ~ 10月。

习性及分布：喜光，喜干燥、通风良好的环境，耐贫瘠，耐旱，忌雨涝；喜排水良好的土壤。分布于云南、贵州、湖北、安徽、江苏、陕西。日本、朝鲜也有。

园林应用：植株整齐，生长健壮，花开时似一片粉烟，群体效果极佳。应用于花坛、花境，是点缀草坪、岩石园的好材料。

垂盆草

景天科景天属

学名：*Sedum sarmentosum* Bunge

别名：半支莲、打不死、豆瓣菜

形态特征：多年生肉质草本；不育枝及花茎纤细，匍匐生长；节上生根。单叶，3叶轮生，倒披针形至狭长圆形。聚伞花序3～5分枝；花少而稀疏；花瓣5片，黄色，披针形至椭圆形。花期4～6月。果期6～7月。

习性及分布：喜半荫，喜温暖、湿润的环境，耐旱，耐寒；喜疏松的砂质土壤。分布于湖北、四川、浙江、河北、陕西。朝鲜、日本也有。

园林应用：应用于花坛、花境；或盆栽观赏。

知识拓展：全草入药。同属植物佛甲草 *Sedum lineare* Thunb.、费菜 *Phedimus aizoon* (L.) 't Hart 习性与用途同垂盆草。

1～2. 垂盆草
3～4. 佛甲草
5. 费菜

虎耳草

虎耳草科虎耳草属

学名：*Saxifraga stolonifera* Curtis

别名：耳朵草、耳朵红

形态特征：多年生草本，高 14 ~ 45 厘米；匍匐茎细长。叶通常基生，肉质，肾形或近圆形，顶端近圆形，基部浅心形或平截，两面疏被长伏毛，下面常为红紫色，或具斑点。圆锥花序稀疏；花左右对称；花瓣 5 片，白色。蒴果卵圆形。花期 5 ~ 8 月。果期 7 ~ 11 月。

习性及分布：喜半荫，喜温暖、湿润的环境，忌强光；喜疏松、肥沃的土壤。分布于我国广东、广西、云南、贵州、台湾。菲律宾、朝鲜、日本也有。

园林应用：花、叶清秀奇特，常栽培于庭园或盆栽观赏。

知识拓展：全草入药。

含羞草

豆科含羞草属

学名：*Mimosa pudica* Linn.

别名：**感应草、怕羞草**

形态特征：直立或蔓性亚灌木状草本；茎圆柱状，多分枝，被短钩刺，嫩枝被长刚毛。羽片和小叶很敏感，触之即闭合而下垂；羽片 2 对，在叶柄的顶端呈掌状排列；小叶 14 ～ 25 对，线状长圆形。头状花序长圆形，常 1 ～ 3 个腋生；花小，淡红紫色；花冠钟状。荚果扁，缘毛刺状。花果期 3 ～ 12 月。

习性及分布：喜温暖、湿润的气候，稍耐寒；对土壤要求不严。原产于美洲热带地区。

园林应用：花、叶和荚果均具有较好的观赏效果，适宜做阳台、室内的盆栽花卉；也可种植于庭院等处。

猫尾草

豆科狸尾豆属

学名：*Uraria crinita* (L.) DC.
别名：长穗猫尾草、千斤笔

形态特征：直立亚灌木，高1～1.5米；枝粗壮，被短柔毛。叶为奇数羽状复叶，基生叶为单叶，茎下部叶常为3小叶，上部叶常为5小叶，稀为7小叶。总状花序顶生；花冠紫色。荚果具2～4节，折叠式包藏于花萼内。花果期6～11月。

习性及分布：喜凉爽、湿润的气候，耐寒，耐淹浸，不耐旱。分布于广东、广西、云南。印度、中南半岛、马来半岛、澳大利亚也有。

园林应用：可作为地被应用。

蔓花生

豆科落花生属

学名：*Arachis duranensis* Krapov. & W.C.Greg.

别名：满地黄金、铺地黄金

形态特征：多年生宿根草本植物；茎蔓生，匍匐生长，有明显主根，长达30厘米，须根多，均有根瘤。叶柄基部有潜伏芽。分枝多，可节节生根。复叶互生，小叶两对。蝶形花，花黄色，花量多。

习性及分布：在全日照及半日照下均能生长良好，耐荫；喜砂质的土壤。原产于亚洲热带及南美洲。

园林应用：观赏性高，四季常青，且不易滋生杂草与病虫害，是优良的地被植物。

白车轴草

豆科车轴草属

学名：*Trifolium repens* L.

别名：白花苜宿、白花三叶草

形态特征：多年生草本；茎匍匐蔓生。掌状三出复叶；小叶倒卵形至近圆形。花序球形，顶生，总花梗甚长，具花 20 ~ 80 朵，密集；花冠白色、乳黄色或淡红色，具香气。荚果长圆形。花果期 5 ~ 10 月。

习性及分布：喜光，喜温暖的环境，耐寒，耐霜，耐旱，不耐荫；喜排水良好的砂壤土。原产于欧洲和北非。

园林应用：地被种植，可用于湿润的草地、河岸、路边。

知识拓展：为优良牧草，含丰富的蛋白质和矿物质，可作为绿肥、堤岸防护草种、草坪装饰以及蜜源和药材等用。同属植物红车轴草 *Trifolium pratense* Linn. 习性与用途同白车轴草。

1 ~ 3. 白车轴草
4 ~ 5. 红车轴草

大托叶猪屎豆

豆科猪屎豆属

学名：*Crotalaria spectabilis* Roth

别名：**响铃豆、紫花野百合**

形态特征：直立高大草本；茎枝圆柱形，近于无毛。托叶卵状三角形；单叶，倒披针形或长椭圆形。总状花序顶生或腋生，有花 20 ～ 30 朵；苞片卵状三角形；花冠淡黄色或紫红色。荚果长圆形；种子 20 ～ 30 颗。花果期 8 ～ 12 月。

习性及分布：喜温暖、湿润的气候，耐旱，耐瘠薄，不耐寒；喜疏松、肥沃的土壤。分布于美洲、非洲、亚洲。

园林应用：花期长，适合道路两旁边坡的景观栽培，也可布置花坛。

知识拓展：猪屎豆种子和幼嫩枝叶有毒，人畜误食种子或茎叶，严重者会因腹水和肝功能丧失而导致死亡；可栽种于田里当绿肥植物。同属植物猪屎豆 *Crotalaria pallida* Blanco、三尖叶猪屎豆 *Crotalaria micans* Link 习性与用途同大托叶猪屎豆。

1 ～ 3. 大托叶猪屎豆
4 ～ 5. 猪屎豆
6. 三尖叶猪屎豆

红花酢浆草

酢浆草科酢浆草属

学名：*Oxalis corymbosa* DC.

别名：铜锤草、大花酢酱草

形态特征：多年生草本；根状茎斜卧。叶基生，小叶3片，倒三角形，顶端平截微凹或成鱼尾状，基部阔楔形，被锈色柔毛。花单朵，腋生，紫红色，有时淡红至白色。蒴果椭圆形。

习性及分布：喜光，喜温暖、湿润的环境，耐旱，不耐寒；喜腐殖质丰富的砂质土壤。分布于湖北、云南、四川、江西、陕西、甘肃。

园林应用：应用于花坛、花境；也适于大片栽植作为地被植物；或盆栽观赏。

知识拓展：同属植物紫叶酢浆草 *Oxalis triangularis* subsp. *papilionacea* (Hoffmanns. ex Zucc.) Lourteig、酢浆草 *Oxalis corniculata* Linn. 习性与用途同红花酢浆草。

1～3. 红花酢浆草
4. 紫叶酢浆草
5. 酢浆草

天竺葵

牻牛儿苗科天竺葵属

学名：*Pelargonium hortorum* Bailey

别名：木海棠、洋葵

形态特征：粗壮草本；茎肉质，表层稍木质，被柔毛并杂生腺毛。叶互生，圆形至肾形，边缘波状浅裂并有钝齿，上面常有一马蹄形色晕。花多朵，伞形花序状；花瓣红色至粉红色，有时重瓣。

习性及分布：喜光，喜温暖、湿润的环境，稍耐寒，忌水湿和高温；喜疏松、肥沃的砂质土壤。原产于南非。

园林应用：花色鲜艳，花期长。盆栽布置花坛或室内摆设。

知识拓展：同属植物白花天竺葵 *Pelargonium album* J.J.A.van der Walt 习性与用途同天竺葵。

1～3. 天竺葵
4. 白花天竺葵

旱金莲

旱金莲科旱金莲属

学名：*Tropaeolum majus* Linn.

别名：金莲花、旱莲花

形态特征：一年生攀援状肉质草本。单叶互生，草质，近圆形，叶脉 5 ~ 9 条，由叶柄着生处向叶缘伸出；叶柄盾状着生于叶的近中心点。花单生于叶腋，红色、橘红色、橙黄色、乳黄色、乳白色或杂色。果成熟时分裂成 3 个小核果。花期 6 ~ 10 月。果期 7 ~ 11 月。

习性及分布：喜温暖、湿润的气候，不耐寒；喜肥沃、排水良好的土壤。原产于南美。

园林应用：盆栽观赏；也可布置于花坛、花境。

三色堇

堇菜科堇菜属

学名：*Viola tricolor* Linn.

别名：**蝴蝶花、鬼花脸**

形态特征：一年生草本；茎多分枝，直立或稍斜。基生叶卵圆形至披针形，有长柄；茎生叶卵状长圆形或宽披针形。花大，单生于叶腋，常具蓝、黄和近白色三色；花瓣5片，近圆形，假面状，覆瓦状排列，距短而钝。蒴果椭圆形，长7～10毫米。花期3～4月。果期6～8月。

习性及分布：喜凉爽的环境，耐寒；喜肥沃、排水良好、富含有机质的中性土壤或黏土。原产于欧洲。

园林应用：色彩、品种繁多，是布置春季花坛的主要花卉之一。

知识拓展：全草入药。

凤仙花

凤仙花科凤仙花属

学名：*Impatiens balsamina* Linn.

别名：指甲花、急性子、凤仙

形态特征：一年生直立、有分枝的肉质草本，高可达 1 米；茎粗壮。单叶，互生，披针形。花大，直径 2 ～ 4 厘米，多下垂，呈粉红色、白色或杂色等，单生或数朵簇生于叶腋，花单瓣或重瓣。蒴果略呈纺锤形，被茸毛，成熟时触之，果瓣即旋卷裂开，将种子弹出，种子多数，球形。花期 6 ～ 10 月。

习性及分布：喜光，忌湿，耐热，不耐寒；喜疏松、肥沃的土壤。我国南北常见栽培。

园林应用：花如鹤顶、似彩凤，姿态优美，花色、品种极为丰富。是花坛、花境的常用材料，可丛植、群植和盆栽；也可作切花水养。

知识拓展：全草、根茎及种子均可入药。同属植物鸭跖草状凤仙花 *Impatiens commelinoides* Hand.-Mazz.、牯岭凤仙花 *Impatiens davidii* Franch.、管茎凤仙花 *Impatiens tubulosa* Hemsl. 等野生种，观赏价值也很高，有待开发。

1～6. 凤仙花
7. 鸭跖草状凤仙花
8. 牯岭凤仙花
9. 管茎凤仙花

苏丹凤仙花

凤仙花科凤仙花属

学名：*Impatiens walleriana* Hook. f.

别名：非洲凤仙花、何氏凤仙花

形态特征：多年生肉质草本植物，高 30 ~ 70 厘米；茎直立，绿色或淡红色。总花梗生于茎、枝上部叶腋，通常具 2 花；花大小及颜色多变化，有鲜红色、深红、粉红色、紫红色、淡紫色、蓝紫色或白色。蒴果纺锤形，长 15 ~ 20 毫米，无毛。花期 6 ~ 10 月。

习性及分布：喜半荫，喜温暖、湿润的环境；喜疏松、肥沃的土壤。原产于非洲东部。

园林应用：盆栽，布置会议室、广场；窗台种植和庭园树荫下种植。

蜀葵

锦葵科蜀葵属

学名：*Alcea rosea* L.

别名：一丈红、熟季花、斗蓬花

形态特征：二年生草本，高达 2 米；茎被星状刚毛。叶近圆形，3 ～ 7 浅裂或呈波状而有棱角。花单生或 2 ～ 4 朵簇生于叶腋，常排成顶生的总状花序，红、紫、白、粉红、黄或黑紫色，单瓣或重瓣。果盘状，直径约 2 厘米；分果爿 30 个或更多，近圆形。花期 6 ～ 10 月。

习性及分布：喜光，耐寒，耐半荫，忌涝；喜疏松、肥沃、排水良好的砂质土壤。原产于我国西南地区。

园林应用：可种植于建筑物旁、假山旁或点缀花坛、草坪；成列或成丛种植；矮生品种可作盆花栽培，陈列于门前，布置于室内。

知识拓展：全草入药。

砖红赛葵

锦葵科赛葵属

学名：*Malvastrum lateritium* G.Nicholson

别名：蔓锦葵、砖红蔓赛葵

形态特征：多年生草本，茎匍匐生长；株高20～30厘米，茎长1～3米。叶卵圆形3～5裂,有粗锯齿；叶柄长4～5厘米，分枝多。花浅粉色。花期5～7月。

习性及分布：喜温暖、湿润的气候，耐半荫，不耐寒，耐旱。分布于美国中部及南部。

园林应用：作地被，布置花境；或用于垂直绿化。

黄蜀葵

锦葵科秋葵属

学名：*Abelmoschus manihot* (L.) Medik.
别名：霸天伞、豹子眼睛

形态特征：一年或多年生草本，高达 2 米；全株被长硬毛。叶掌状 5 ～ 9 深裂。花常单生于枝顶叶腋，淡黄色，内面基部紫色；花萼佛焰苞状；花瓣 5 片，阔倒卵形。蒴果卵状椭圆形。花果期 8 ～ 12 月。

习性及分布：喜温暖、多雨的环境；喜疏松、肥沃、排水良好的土壤。分布于广东、湖南、河南、云南、贵州、山东。印度也有。

园林应用：花大色美，应用于花坛、花境；或盆栽观赏。

知识拓展：茎皮纤维可代麻；根含黏质，用于造纸糊料；种子、根和花入药。同属植物黄葵 *Abelmoschus moschatus* Medicus 习性与用途同黄蜀葵。

1 ～ 3. 黄蜀葵
4. 黄葵

四季秋海棠

秋海棠科秋海棠属

学名：*Begonia cucullata* Willd.

别名：四季海棠

形态特征：草本，稍肉质，高 10 ～ 40 厘米。叶稍肉质，光亮，卵形或阔卵形，基部略偏斜，稍呈心形，两面绿色，叶脉上呈红色。花数朵聚生在叶腋的总花梗上；苞片 2 片；花淡红色至淡白色；雄花较大，直径 1 ～ 2 厘米；雌花稍小，花被 5 片。蒴果绿色，有红色的翅。花期 5 月。

习性及分布：喜光，喜温暖、阴湿的环境，忌寒冷。原产于巴西。

园林应用：株姿秀美，叶色油绿光洁，花朵玲珑娇艳。盆栽观赏。

知识拓展：四季秋海棠的园艺品种较多。同属植物银星秋海棠 *Begonia albopicta* W.Bull、观叶秋海棠习性与用途同四季秋海棠。

1

2

3

4

5

6

7

1 ～ 4. 四季秋海棠
5 ～ 6. 观叶秋海棠
7. 银星秋海棠

昙花

仙人掌科昙花属

学名：*Epiphyllum oxypetalum* (DC.) Haw.

别名：风花、金钩莲、月下美人

形态特征：灌木状的肉质植物，高可达 3 米；茎下部圆柱形，木质，直立；茎节长，扁平且厚，绿色。花自节缘的小窠发出，初开放时下垂，后渐升起，美丽，芳香；花被管长 15 ～ 20 厘米；花瓣 2 轮，白色。浆果有纵棱。花期 8 ～ 10 月。

习性及分布：喜温暖、湿润的环境，不耐寒，忌阳光暴晒；喜肥沃、排水良好的土壤。原产于美洲。

园林应用：昙花在我国栽培历史较久，是家喻户晓的著名花卉。盆栽观赏或布置花坛。

金琥

仙人掌科金琥属

学名：*Echinocactus grusonii* Hildm.

别名：象牙球、金刺仙人球

形态特征：多年生多浆植物；茎圆球形，球体大，高 0.3 ~ 1.2 米，直径 0.3 ~ 1 米，浅黄绿色，顶部密被浅黄色绵毛；有 20 ~ 37 棱，棱上距 1.5 ~ 2 厘米生一簇刺丛，每丛有黄色硬刺 4 个，长约 3 厘米,周围生 8 ~ 10 个黄色短毛刺。花单生于先端,喇叭状；午间开花。花期夏季。

习性及分布：喜光，喜温暖、干燥的环境，耐旱；喜肥沃的土壤。原产于墨西哥。

园林应用：盆栽观赏；或应用于花坛。

仙人球

仙人掌科仙人球属

学名：*Echinopsis* × *wilkensii*

别名：草球、长盛球

形态特征：多年生肉质多浆草本植物；茎呈球形或椭圆形，高可达25厘米，绿色；球体有纵棱若干条，棱上密生针刺，黄绿色，长短不一，作辐射状。花着生于纵棱刺丛中，银白色或粉红色，长喇叭形，长可达20厘米。

习性及分布：喜干燥的环境，耐旱，稍耐寒；喜砂质土壤。原产于南美洲沙漠地带。

园林应用：形态奇特，花色娇艳。盆栽观赏。

蟹爪兰

仙人掌科仙人指属

学名：*Schlumbergera truncata* (Haw.) Moran

别名：锦上添花、蟹足霸王鞭

形态特征：肉质灌木状植物，多分枝；老茎木质化，茎节扁平；边缘有长1～3毫米的锐尖齿2～4枚，顶端截形；小窠生于齿间腋内，有数条粗毛。花两侧对称，紫红色、红色或玫瑰色。浆果通常梨形，红色，直径约1厘米。花期12月。

习性及分布：喜散射光，喜湿润的环境，忌烈日，忌涝；喜肥沃的砂质土壤。原产于巴西。

园林应用：蟹爪兰在春节前后盛开红花，更增添节日欢乐的气氛，是很受欢迎的大众花卉之一。

千屈菜

千屈菜科千屈菜属

学名：*Lythrum salicaria* Linn.

别名：水柳、对叶莲

形态特征：多年生草本，根茎横生、粗壮；茎直立，多分枝，通常具4棱。叶对生或近对生，少轮生，披针形或阔披针形。聚伞花序小；花1～3朵，簇生于叶状苞片腋内。因花梗及总梗极短，因此花枝全形似一大型穗状花序。蒴果椭圆形，包藏于萼筒内。花果期夏季至秋季。

习性及分布：喜光，不耐寒；喜生在沟旁水边、浅水处。分布于亚洲、欧洲、北美洲。

园林应用：园林水景常见栽培，适用于花坛、花带栽植；也可盆栽摆放庭园；亦可作切花用。

知识拓展：全草入药。

山桃草

柳叶菜科山桃草属

学名：*Gaura lindheimeri* Engelm. et Gray

别名：折蝶花、千鸟花

形态特征：二年生草本，高可达 1 米；茎直立。叶为单叶，狭披针形或匙形。花排成稀疏的顶生穗状花序，有时分枝成圆锥状；花开放时间不一致，白色，略带淡黄色；花瓣匙形。蒴果坚果状，长圆形，有明显的四棱角，每边有脉一条。花期 5 ~ 8 月。果期 8 ~ 9 月。

习性及分布：喜光，喜凉爽、湿润的气候，耐寒；喜疏松、肥沃、排水良好的砂质土壤。原产于北美洲。

园林应用：花型似桃花，极具观赏性；应用于花坛、花境、地被、草坪点缀。

美丽月见草

柳叶菜科月见草属

学名：*Oenothera speciosa* Nutt.

别名：待霄草、粉花月见草

形态特征：多年生草本；茎丛生，多分枝。基生叶紧贴地面，倒披针形；茎生叶灰绿色，披针形或长圆状卵形；花蕾绿色，锥状圆柱形；花管淡红色；花瓣粉红至紫红色。蒴果棒状，具4条纵翅，翅间具棱。花期4～11月。果期9～12月。

习性及分布：喜光，耐寒，耐贫瘠，忌积水；喜疏松、排水良好的土壤。原产于美国、墨西哥。

园林应用：花朵如杯盏状，甚为美丽。应用于花坛、花境。

知识拓展：同属植物黄花月见草 *Oenothera glazioviana* Mich. 习性与用途同美丽月见草。

1～3. 美丽月见草
4. 黄花月见草

黄花水龙

柳叶菜科丁香蓼属

学名：*Ludwigia peploides* subsp. *stipulacea* (Ohwi) Raven

别名：过塘蛇、水龙

形态特征：多年生挺水型草本植物，浮水茎节上常生圆柱状海绵状贮气根状浮器，具多数须状根；直立茎高达60厘米。叶长圆形或倒卵状长圆形。花单生于上部叶腋；花瓣鲜金黄色，基部常有深色斑点，倒卵形，先端钝圆或微凹。花期6～8月。果期8～10月。

习性及分布：喜温暖、潮湿的环境；喜池塘、水田湿地。产浙江、福建与广东东部。

园林应用：生长快速，可作为水池绿化植物。对富营养化水体中氮磷去除效果显著，可作为河网富营养化水体修复的植物。

粉绿狐尾藻

小二仙草科狐尾藻属

学名：*Myriophyllum aquaticum* (Vellozo) Verdc.

别名：轮叶狐尾藻、轮生藻

形态特征：多年生粗壮沉水草本。根状茎发达，在水底泥中蔓延，节部生根。茎圆柱形，多分枝。叶通常 3 ～ 5 片轮生，丝状全裂，裂片 8 ～ 13 对。雌雄同株或杂性、单生于水上叶腋内，每轮有 4 朵花。果实广卵形。

习性及分布：喜光，喜温暖、水湿的环境，不耐寒。世界广布种。

园林应用：可作为湖泊等生态修复工程中净水物种和植被恢复先锋物种；也可栽植于鱼缸中。

香菇草

伞形科天胡荽属

学名：*Hydrocotyle vulgaris* L.

别名：铜钱草、南美天胡荽、圆币草

形态特征：多年生挺水或湿生植物，植株具有蔓生性，株高 5 ～ 15 厘米，节上常生根；茎顶端呈褐色。叶互生，具长柄，圆盾形，直径 2 ～ 4 厘米，缘波状，草绿色，叶脉 15 ～ 20 条放射状。花两性；伞形花序，小花白色。花期 6 ～ 8 月。

习性及分布：喜光，喜温暖的环境，不耐寒，耐荫，耐湿。原产于欧洲、北美南部及中美洲地区。

园林应用：水体岸边丛植、片植，是庭院水景造景，尤其是景观细部设计的好材料；也可盆栽观赏。

仙客来

报春花科仙客来属

学名：*Cyclamen persicum* Mill.

别名：一品冠、兔子花

形态特征：多年生草本，高25～30厘米；具扁球形球茎。叶全部基生，阔卵形，顶端钝，基部心形，边缘具锯齿，上面绿色，有浅色斑纹，下面淡绿色，通常有紫色斑纹。花莛数枝，由球茎上抽出，直立；花单生于花莛顶端，紫红色、白色、淡红色，边缘白色。蒴果卵球形。

习性及分布：喜光，喜凉爽、湿润的环境；喜疏松、富含腐殖质、排水良好的微酸性砂质土壤。原产于欧洲。

园林应用：盆栽观赏；也可布置于花坛、花境。

欧洲报春

报春花科报春花属

学名：*Primula vulgaris* Hill

别名：英国报春、欧报春

形态特征：多年生草本，丛生，株高 20 厘米。叶基生，长椭圆形，长可达 15 厘米，叶脉深凹。伞状花序，有单瓣和重瓣花型，花色鲜艳，有大红、粉红、紫、蓝、黄、橙、白等色。

习性及分布：喜温暖、湿润的气候，较耐寒；喜富含腐殖质、排水良好的土壤。原产于西欧和南欧。

园林应用：花期长，花色多而艳丽。布置花坛、花境；或盆栽观赏。

长春花

夹竹桃科长春花属

学名：*Catharanthus roseus* (Linn.) G. Don

别名：雁来红、日日新

形态特征：多年生直立草本，有时为亚灌木。叶膜质，倒卵状长圆形。花 2 ~ 3 朵排成腋生和顶生聚伞花序；花紫红色至粉红色；花冠裂片阔倒卵形。蓇葖果并行或略叉开，圆筒形。花果期几全年。

习性及分布：喜光，喜高温、高湿的环境，耐半荫，不耐寒；喜透气、排水良好、富含腐殖质的土壤。原产东非至阿拉伯半岛南部。

园林应用：姿态优美，花期长。应用于花坛、花境，也可盆栽观赏。

知识拓展：全草入药，有毒。

蔓长春花

夹竹桃科蔓长春花属

学名：*Vinca major* L.

别名：攀缠长春花、长春蔓

形态特征：草本；茎基部稍伏卧。叶对生；叶片卵形或宽卵形。花茎直立，圆筒形；花单生叶腋；花冠蓝紫色，漏斗状，长 3 ~ 4 厘米，喉部内面有毛，裂片 5。蓇葖果双生，直立，长约 5 厘米。花期 3 ~ 4 月。果期 5 ~ 6 月。

习性及分布：喜光，喜温暖、湿润的环境，耐荫，稍耐寒；喜肥沃、湿润的土壤。原产于欧洲。

园林应用：应用于垂直绿化；也可盆栽观赏。

知识拓展：茎叶入药。其栽培品种‘花叶’蔓长春花 *Vinca major* ‘Variegata’习性与用途同蔓长春花。

1. 蔓长春花
2 ~ 4.‘花叶’蔓长春花

马利筋

萝藦科马利筋属

学名：*Asclepias curassavica* L.

别名：水羊角、草木棉

形态特征：多年生直立草本或亚灌木，高达1米；全株有白色乳汁。叶草质，披针形至线状披针形。花序有花10～20朵；花冠紫红色，裂片长圆形，反折；副花冠生于合蕊冠上，黄色。蓇葖果纺锤状长柱形，向两端狭尖。花期几乎全年。果期8～12月。

习性及分布：喜光，喜温暖、干燥的环境；对土壤的适应性强。原产于热带美洲。

园林应用：应用于庭院、花坛；也可用于切花。

知识拓展：全草有毒。可以作为引蝶植物加以使用。

马蹄金

学名：*Dichondra micrantha* Urb.

别名：黄疸草、小金钱草

旋花科马蹄金属

形态特征：多年生匍匐小草本；茎细长，被灰白色短柔毛；节上生根。叶互生，圆形或肾形。花小，单生于叶腋；花冠黄色，钟状，5深裂。蒴果小，近球形，直径约1.5毫米，膜质。花期4～5月。果期5～6月。

习性及分布：喜温暖、湿润的气候，耐荫，耐高温；对土壤要求不严。分布于广东、广西、湖南、云南、台湾、福建。广布于南北半球热带、亚热带地区。

园林应用：叶色翠绿，植株低矮，叶片密集美观，是优良的草坪草及地被绿化材料。适用于公园、庭院绿地等栽培观赏。

知识拓展：全草供药用。

针叶天蓝绣球

花荵科福禄考属

学名：*Phlox subulata* Linn.

别名：丛生福禄考、针叶福禄考

形态特征：多年生草本；多分枝。叶互生，基部的常对生，宽卵形、长圆形或披针形。花排成顶生聚伞状圆锥花序；花冠高脚碟状，淡红、红、紫、白、淡黄等色；裂片圆形，较花冠管稍短，雄蕊和花柱不伸出。蒴果椭圆形。春秋两季开花。

习性及分布：耐寒，耐旱，耐贫瘠，耐高温；对土壤要求不严。原产于北美洲。

园林应用：早春开花时，繁花似锦。适合配植于庭院、花坛或在岩石园，群体观赏效果极佳，可做地被装饰材料点缀草坪或吊盆栽植。

知识拓展：同属植物天蓝绣球 *Phlox paniculata* Linn. 习性与用途同针叶天蓝绣球。

1～3. 针叶天蓝绣球
4～7. 天蓝绣球

玻璃苣

紫草科玻璃苣属

学名：*Borago officinalis* Linn.

别名：琉璃苣

形态特征：一年生草本植物，株高可达 120 厘米；整个植株由粗砺、灰白色的刺毛所包裹。茎秆呈圆柱形。叶子深绿色，带有皱纹，交替生长于茎秆上。花朵生于各个枝杈端，花蓝色，成疏散聚伞花序，具长柄。小坚果，平滑或有乳头状突起。花期 7 月。

习性及分布：喜温暖的环境，耐高温，耐旱，不耐寒；喜肥沃的土壤。分布于欧洲与非洲北部地区。

园林应用：应用于花坛、花境；或盆栽观赏。

细叶美女樱

马鞭草科美女樱属

学名：*Glandularia tenera* (Spreng.) Cabrera

别名：草五色梅

形态特征：多年生草本，株高 20 ～ 30 厘米，茎基部稍木质化，节部生根；枝条细长四棱。叶对生，三深裂，每个裂片再次羽状分裂，小裂片呈条状。穗状花序顶生，花冠玫瑰紫色。花期 4 ～ 10 月。

习性及分布：喜光，喜温暖、湿润的环境，耐盐碱，耐半荫；喜疏松的土壤。原产于巴西、秘鲁和乌拉圭等美洲热带地区。

园林应用：花色艳丽，色彩丰富。可露地栽培，布置花坛、花境。同属植物美女樱 *Glandularia* × *hybrida* (Groenl. & Rümpler) G.L.Nesom & Pruski 习性与用途同细叶美女樱。

1～3. 细叶美女樱
4. 美女樱

韩信草

唇形科黄芩属

学名：*Scutellaria indica* L.

别名：耳挖草、烟管草

形态特征：多年生草本；茎上升或直立。叶心状卵圆形、卵圆形至椭圆形。花对生，组成总状花序，下部苞叶与茎叶同形；花冠蓝紫色，冠筒前方基部曲膝，其后直伸，冠檐二唇形。成熟小坚果暗褐色。花果期2～6月。

习性及分布：喜温暖、湿润的环境；喜疏松、肥沃的土壤。分布于长江以南。朝鲜、日本、印度等地也有。

园林应用：多用于盆花及花坛栽培，也可用作地被栽于林下。

多裂薰衣草

唇形科薰衣草属

学名：*Lavandula multifida* L.

别名：蕨叶薰衣草、羽叶薰衣草

形态特征：多年生草本。叶对生，二回羽状深裂；叶表面覆盖粉状物，灰绿色。植株开展，花深紫色管状小花，有深色纹路，具 2 唇瓣，上唇比下唇发达。

习性及分布：喜温暖、湿润的气候，稍耐寒。原产于加那利群岛。

园林应用：适合盆栽观赏或地栽；也可作为切花材料。

知识拓展：同属植物齿叶薰衣草 *Lavandula dentata* L. 习性与用途同多裂薰衣草。

1～3. 多裂薰衣草
4～5. 齿叶薰衣草

藿 香

唇形科藿香属

学名：*Agastache rugosa* (Fisch. et Mey.) O. Kuntze

别名：把蒿、白薄荷

形态特征：多年生草本，茎直立，四棱形。叶卵状披针形至卵形。轮伞花序多花，在茎端和枝端密集成圆筒形的假穗状花序；花冠淡紫红色或淡紫蓝色，冠檐二唇形。小坚果卵状长圆形。花果期 6 ～ 11 月。

习性及分布：喜光，喜高温的环境，不耐旱；喜疏松、肥沃的砂质土壤。各地常见栽培。

园林应用：全株均有香味，多用于花径、池畔和庭院成片栽植。

知识拓展：全草入药；芳香油的原料。同属植物岩生藿香 *Agastache rupestris* (Greene) Standl. 习性与用途同藿香。

1 ～ 2. 藿香
3 ～ 4. 岩生藿香

法氏荆芥

唇形科荆芥属

学名：*Nepeta × faassenii*

别名：猫薄荷、荆芥

形态特征：多年生草本；茎直立，少分枝。叶对生，阔卵形、卵形，两面被白色短茸毛，顶端短尖或钝，具粗齿或波状齿。总状花序再组成圆锥花序，顶生；花蓝色，花冠二唇形，内面具毛和紫色的斑点。花期4～9月。

习性及分布：喜温暖、湿润的气候，不耐寒，忌干旱，忌积水。

园林应用：应用于花坛、花境，也作盆栽观赏。

大花夏枯草

学名：*Prunella grandiflora* (L.) Scholler

唇形科夏枯草属

形态特征：多年生草本；茎上升，钝四棱形。叶卵状长圆形。轮伞花序密集组成长圆形顶生花序；花冠蓝色、白色、洋红等，冠檐二唇形。小坚果近圆形，略具瘤状突起，在边缘及背面明显具沟纹。花期9月。果期11月。

习性及分布：喜湿润的环境，耐寒；对土壤要求不严。原产于欧洲。

园林应用：应用于花坛、花境；或盆栽观赏。

绵毛水苏

学名：*Stachys byzantina* K. Koch ex Scheele

唇形科水苏属

形态特征：多年生宿根草本。叶长圆状椭圆形，两面均密被灰白色丝状绵毛。轮伞花序多花，向上密集组成顶生长 10 ~ 22 厘米的穗状花序；花冠长约 1.2 厘米，冠檐二唇形，上唇卵圆形，全缘，下唇近于平展，3 裂。小坚果长圆形，褐色，无毛。花期 7 月。

习性及分布：喜光，耐寒；喜疏松、肥沃的土壤。分布于浙江、安徽、甘肃、广东、广西。

园林应用：应用于花境、岩石园、庭院。

一串红

唇形科鼠尾草属

学名：*Salvia splendens* Sellow ex Wied-Neuw.

别名：西洋红、象牙红、串串红

形态特征：亚灌木状草本，茎钝四棱形。叶卵圆形或三角状卵圆形。轮伞花序具 2 ～ 6 花，再组成顶生总状花序；花冠筒形，冠檐二唇形。小坚果椭圆形，暗褐色。花果期 1 ～ 10 月。

习性及分布：喜光，耐半荫，稍耐寒；喜疏松、肥沃的土壤。原产于巴西。

园林应用：应用于花坛、花丛，也常植于林缘、篱边或作为花群的镶边。

知识拓展：同属植物朱唇 *Salvia coccinea* Buc' hoz ex Etl. 习性与用途同一串红。

1～3. 一串红
4～5. 朱唇

天蓝鼠尾草

唇形科鼠尾草属

学名：*Salvia uliginosa* Benth.

别名：洋苏叶

形态特征：多年生草本植物，茎基部略木质化，株高 30 ~ 90 厘米，较矮；茎四方形，分枝较多，有毛。叶对生，银白色，长椭圆形，先端圆，全缘或具钝锯齿。穗状花序顶生，花 10 朵左右；花紫色或青色，有时白色，花冠唇形。花期 8 月。

习性及分布：喜光，喜温暖的环境，耐寒，耐旱；喜排水良好的微碱性土壤。产于浙江、安徽、江苏、湖北、台湾、广东。日本也有。

园林应用：应用于花坛、花丛，常植于林缘、篱边或作为花群的镶边。

知识拓展：同属植物‘蓝黑’鼠尾草 *Salvia guaranitica*‘Black and Blue’、彩苞鼠尾草 *Salvia viridis* L. 习性与用途同天蓝鼠尾草。

1 ~ 3. 天蓝鼠尾草
4 ~ 5. 彩苞鼠尾草
6.‘蓝黑’鼠尾草

拟美国薄荷

唇形科美国薄荷属

学名：*Monarda fistulosa* Linn.

别名：美国薄荷、洋薄荷

形态特征：一年生草本；茎钝四棱形，带红色或多少具紫红色斑点，茎、枝均密被倒向白色柔毛。叶片披针状卵圆形或卵圆形。轮伞花序多花，在茎、枝顶部密集成头状花序；花冠紫红色，冠檐二唇形。小坚果倒卵形。花期 6 ~ 7 月。

习性及分布：喜凉爽、湿润的环境，耐半荫，耐寒，忌干燥。原产于北美洲。

园林应用：株丛繁茂，花色艳丽。适宜盆栽观赏，也用于庭园美化。

百里香

唇形科百里香属

学名：*Thymus mongolicus* (Ronniger) Ronniger

别名：地姜、千里香

形态特征：半灌木；茎多数，匍匐或上升；不育枝从茎的末端或基部生出。叶2～4片对生，卵圆形。花序头状；花具短梗；花萼管状钟形或狭钟形；花冠紫红、紫、淡紫、粉红色。小坚果近圆形或卵圆形，压扁状，光滑。花期7～8月。

习性及分布：喜光，喜温暖、干燥的环境；喜疏松、排水良好的石灰质土壤。原产于法国、西班牙、地中海和埃及。

园林应用：应用于花坛、花境。

彩叶草

唇形科马刺花属

学名：*Plectranthus scutellarioides* (L.) R.Br.

别名：五彩苏

形态特征：直立草本；茎四棱，具分枝。叶多色，有黄、暗红、紫及绿色，卵圆形，边缘具粗圆齿。轮伞花序多花，多数轮伞花序排列成圆锥花序；花冠浅紫色、紫色至蓝色。小坚果圆形，直径约 0.8 毫米。花期 4 ~ 9 月。果期 10 月。

习性及分布：喜光，喜温暖的环境，夏季高温时稍遮阴。原产于亚热带地区，现在世界各国广泛栽培。

园林应用：叶有黄、红、紫、绿各色，叶面丝绒状，颇美观。庭园寺院多栽培以作观赏用；盆栽观赏。

罗勒

唇形科罗勒属

学名：*Ocimum basilicum* Linn.

别名：矮糠、菜荆芥、丁香、香草

形态特征：一年生草本，茎钝四棱形。叶卵形至卵圆状椭圆形，边缘具不规则的牙齿或近全缘。轮伞花序组成顶生的假总状花序，花冠淡紫色或上唇白色、下唇紫红色。小坚果卵圆形。花果期9月至翌年3月。

习性及分布：喜温暖、湿润的气候，不耐寒，耐旱，不耐涝；喜肥沃、排水良好的砂质土壤或腐殖质土壤。分布于广东、湖南、云南、贵州、台湾、浙江、安徽。

园林应用：盆栽观赏，应用于花坛、花境。

知识拓展：茎叶及花含芳香油，是重要的调香原料，亦用于制牙膏；嫩叶可食；全草入药。

肾茶

唇形科肾茶属

学名：*Clerodendranthus spicatus* (Thunb.) C. Y. Wu

别名：猫须草

形态特征：多年生草本，茎四棱形。叶卵形、菱状卵形或卵状矩圆形。轮伞花序6花组成顶生的假总状花序；花冠管状，淡紫色或白色，冠檐二唇形；雄蕊4枚，超出花冠2～4厘米。小坚果卵形，长约2毫米。花果期5～12月。

习性及分布：喜温暖、湿润的气候，较耐荫，不耐寒；对土壤要求不严。分布于广东、广西、云南、台湾。印度、缅甸、泰国等地也有。

园林应用：应用于花坛；或盆栽观赏。

知识拓展：全草入药。

假龙头花

唇形科假龙头花属

学名：*Physostegia virginiana* Benth.

别名：**随意草、如意草**

形态特征：多年生宿根草本；茎丛生而直立，四棱形，株高可达0.8米。单叶对生，披针形，亮绿色，边缘具锯齿。穗状花序顶生，长20～30厘米；每轮有花2朵，花筒长约2.5厘米，唇瓣短，花色淡紫红。花期7～9月。

习性及分布：喜光，耐半荫，耐热，耐寒；喜肥。原产于北美洲。

园林应用：叶形整齐，花色艳丽。适合盆栽观赏或应用于花坛、花境。

花烟草

茄科烟草属

学名：*Nicotiana alata* Link et Otto

别名：长花烟草、大花烟草

形态特征：多年生草本，高 0.6 ~ 1.5 米，全株被黏毛。叶在茎下部铲形或矩圆形，基部稍抱茎或具翅状柄。花序为假总状式，疏散生几朵花；花梗长 5 ~ 20 毫米；花萼杯状或钟状，裂片钻状针形；花冠淡绿色，筒长 5 ~ 10 厘米。蒴果卵球状，长 12 ~ 17 毫米。

习性及分布：喜光，喜温暖的环境，耐旱，不耐寒；喜疏松、肥沃的土壤。原产于阿根廷和巴西。

园林应用：应用于花坛、草坪、庭院、路边及林带边缘；也可作盆栽。

矮牵牛

茄科碧冬茄属

学名：*Petunia* × *hybrida*

别名：碧冬茄、彩花茄、番薯花

形态特征：多年生草本，常作一、二年生栽培，高 20 ~ 45 厘米；茎匍地生长，被黏质柔毛。叶质柔软，卵形，全缘，互生，上部叶对生。花单生，呈漏斗状，重瓣花球形，花白、紫或各种红色。蒴果。花期 4 月至降霜。

习性及分布：喜光，喜温暖的环境，不耐寒，忌涝；喜疏松、肥沃、排水良好的砂质土壤。原产于南美洲。

园林应用：花大色艳，花色丰富，为长势旺盛的装饰性花卉。广泛用于花坛布置，花槽配置，景点摆设，窗台点缀。

蓝猪耳

玄参科蝴蝶草属

学名：*Torenia fournieri* Linden. ex Fourn.
别名：夏堇、蝴蝶草

形态特征：直立草本；茎具4窄棱。叶对生，长卵形或卵形。花常在枝的顶端排成总状花序；苞片条形；花萼椭圆形；花冠筒淡青紫色，背黄色；上唇直立，浅蓝色，下唇蓝紫色，3裂，中裂片有黄斑；花丝不具附属物。蒴果长椭圆形。花果期6～12月。

习性及分布：喜光，喜高温气候，耐炎热，耐半荫；喜肥沃、湿润的土壤。原产于越南。

园林应用：花朵小巧，花色丰富，花期长。应用于花坛、花台；也是优良的吊盆花卉。

毛地黄

玄参科毛地黄属

学名：*Digitalis purpurea* Linn.

别名：洋地黄、德国金钟、紫红毛地黄

形态特征：一年生或多年生草本，除花冠外，全体被灰白色短柔毛和腺毛；茎单生或数枝丛生。基生叶多数成莲座状，卵形或长椭圆形。总状花序顶生，花朝向一边；花萼钟状；花冠紫红色，筒状钟形，内具斑点。蒴果卵形，密被腺毛。花期 5 ～ 6 月。

习性及分布：喜光，耐荫，耐寒，耐旱，耐瘠薄；喜湿润、排水良好的土壤。原产于欧洲。

园林应用：盆栽观赏；应用于花境、花坛、岩石园。

知识拓展：叶药用。

金鱼草

学名：*Antirrhinum majus* Linn.

别名：龙头花、凤头莲、洋彩雀

玄参科金鱼草属

形态特征：多年生草本，高可达 80 厘米。叶下部的对生，上部的常互生，狭披针形至长圆状披针形。总状花序顶生，密被腺毛；花萼 5 深裂，覆瓦状排裂；花冠假面状，红色、紫色或白色，基部囊状。蒴果卵形。花果期全年。

习性及分布：喜温暖、湿润的气候，耐寒，耐半荫，耐湿，忌旱。原产于地中海。

园林应用：金鱼草花色繁多，美丽鲜艳；高、中型可作花丛、花群及切花；中、矮型宜用于各式花坛、观赏盆花等。同科植物柳穿鱼 *Linaria vulgaris* subsp. *chinensis* (Debeaux) D. Y. Hong 习性与用途同金鱼草。

1～7. 金鱼草
8～9. 柳穿鱼

香彩雀

玄参科香彩雀属

学名：*Angelonia angustifolia* Benth.

别名：夏季金鱼草

形态特征：一年生草本，全体被腺毛；茎直立。叶对生或上部互生，披针形或线状披针形。花单生叶腋，花梗细长；花萼5裂达基部，覆瓦状排列；花冠蓝紫色，长约1厘米，花冠筒短，喉部有一对囊。蒴果球形。花期7～9月。

习性及分布：喜光，喜温暖、湿润的气候，耐高温。原产于南美洲。

园林应用：花型小巧，花色淡雅，花量大，开花不断，观赏期长。可地栽，盆栽。

毛地黄钓钟柳

玄参科钓钟柳属

学名：*Penstemon laevigatus* subsp. *digitalis* (Nutt. ex Sims) Bennett

别名：毛地黄叶钓钟柳

形态特征：多年生常绿草本，株高15～45厘米。叶对生，基生叶卵形，茎生叶披针形。圆锥花序，花单生或3～4朵生于叶腋总梗上，呈不规则总状花序，花紫、玫瑰红、紫红或白色，具有白色条纹。花期5～10月。

习性及分布：喜光，喜湿润、通风良好的环境，不耐寒，忌炎热；喜肥沃、排水良好的砂质土壤。原产于美洲。

园林应用：应用于花坛、花境；与其他宿根花卉配置，可组成极鲜明的色彩景观；也可盆栽观赏。

爆仗竹

玄参科爆仗竹属

学名：*Russelia equisetiformis* Schlecht. et Cham.

别名：吉祥草、爆胀竹、爆竹花

形态特征：木贼状半灌木，高可达1米，全体无毛；茎分枝轮生，细长，具棱，顶端下垂。叶轮生，生于枝上的常退化为披针形的鳞片。花排成二歧聚伞花序；花冠红色，花冠筒圆柱状。蒴果球形，室间开裂。花期春夏。

习性及分布：喜温暖、湿润的气候；喜疏松、肥沃的土壤。原产于墨西哥。

园林应用：枝叶纤细，披垂，花似爆竹，开花繁茂，持久而红艳。为阳台理想的垂挂绿化植物；可应用于花坛、坡边。

黄钟花

紫葳科黄钟花属

学名：*Tecoma stans* (L.) Juss. ex Kunth

别名：黄钟树、金钟花

形态特征：多年生草本。叶互生，花下4或5枚叶聚集呈轮生状；叶片椭圆形或卵圆形。花单生于茎顶端；花萼短筒状，底部浑圆，果期膨大；花冠黄色或淡黄色，内面喉部密生白色柔毛，裂片倒卵状矩圆形或倒卵状椭圆形。花期7～8月。

习性及分布：喜光，喜温暖的环境，不耐寒；喜肥沃、富含有机质的砂质土壤。原产美洲。

园林应用：用作绿篱、园景树、庭园树。

口红花

苦苣苔科芒毛苣苔属

学名：*Aeschynanthus pulcher* (Blume) G.Don

别名：毛子草、大红芒毛苣苔

形态特征：常绿草本。叶对生，卵形、椭圆形或倒卵形，革质而稍带肉质，全缘，上面浓绿色，背面浅绿色。花腋生或顶生成簇，具短花梗；花冠红色至红橙色；花萼筒状，黑紫色，被茸毛；花冠从萼口长出，筒状，鲜艳红色。

习性及分布：喜半荫，喜高温的环境。原产于爪哇、马来半岛、加里曼丹岛。

园林应用：花色艳丽，室内盆栽或垂悬栽植观赏。

知识拓展：同科的野生品种，其观赏价值也很高，有待开发观赏。如大花石上莲 *Oreocharis maximowiczii* Clarke、蚂蝗七 *Chirita fimbrisepala* Hand.-Mazz.、闽赣长蒴苣苔 *Didymocarpus heucherifolius* Hand.-Mazz.、吊石苣苔 *Lysionotus pauciflorus* Maxim. 等。

1

2

1～2. 口红花
3. 大花石上莲
4. 蚂蝗七
5～6. 闽赣长蒴苣苔
7～8. 吊石苣苔

蓝花草

爵床科芦莉草属

学名：*Ruellia brittoniana* Leonard

别名：兰花草、翠芦莉

形态特征：宿根性草本植物。单叶对生，线状披针形，叶全缘或疏锯齿。花腋生，花冠漏斗状，5 裂，具放射状条纹，蓝紫色、粉色或白色。花期春季至秋季。

习性及分布：喜高温的环境，耐旱，耐湿，不耐寒，耐贫瘠。原产于墨西哥。

园林应用：花期长，花姿优美。应用于花坛、花境；也可盆栽观赏。

知识拓展：同科植物艳芦莉 *Ruellia elegans* Poir.、鸡冠爵床 *Odontonema strictum* (Nees) O. Kuntze、金脉爵床 *Sanchezia oblonga* Ruiz & Pav.、白苞爵床 *Justicia betonica* L.、鸟尾花 *Crossandra infundibuliformis* Nees、喜花草 *Eranthemum pulchellum* Andrews 习性与用途同蓝花草。

1

2

3

4

5

1～3. 蓝花草
4～5. 艳芦莉
6. 鸡冠爵床
7～8. 金脉爵床
9. 白苞爵床
10. 鸟尾花
11. 喜花草

金苞花

爵床科金苞花属

学名：*Pachystachys lutea* Nees

别名：黄虾衣花、金苞爵床

形态特征：多年生草本或亚灌木，高约30～60厘米；茎呈圆锥状，茎节膨大。叶对生，披针形或长卵形，全缘。花排成顶生穗状花序，具黄色宿存的叶状苞片；花冠白色，2唇形，伸出苞片外。

习性及分布：喜光，喜高温、高湿的环境，耐荫，不耐寒；喜肥沃、排水良好的土壤。原产于美洲热带地区。

园林应用：株丛整齐，苞片鲜黄，花期长。应用于花坛和庭园；也是优良的盆花品种。

虾衣花

爵床科爵床属

学名：*Justicia brandegeeana* Wassh. et L. B. Sm.

别名：狐尾木、虾衣草

形态特征：草本或亚灌木，全体被毛。叶对生，全缘。花排成顶生穗状花序，下垂，具大而鲜艳、棕红色、宿存的叶状苞片；花冠白色或淡紫色，2 唇形，伸出苞片外，下唇有 3 行紫斑。蒴果卵状椭圆形。花期 3 月。

习性及分布：喜光，喜温暖、湿润的环境；喜疏松、肥沃的砂质土壤。原产于墨西哥。

园林应用：穗状花序顶生，苞片重叠成串，似龙虾、狐尾，常年开花。盆栽观赏；也可应用于花坛、庭院。

五星花

茜草科五星花属

学名：*Pentas lanceolata* (Forssk.) Deflers

别名：繁星花

形态特征：直立亚灌木，高达 70 厘米；茎、枝四棱柱形。叶长圆状披针形，顶端急尖或短渐尖。伞房花序通常 3 枝顶生；花红色，无梗或具短梗；萼管近球形，檐部 5 ～ 6 裂，裂片不等大；花冠高脚碟状。果未见。花期 7 ～ 9 月。

习性及分布：喜光，喜温暖、湿润的环境，不耐寒；喜肥沃的土壤。原产于非洲。

园林应用：花除红色外，有时紫红色或其它颜色。供庭园观赏；也可盆栽观赏。

接骨草

忍冬科接骨木属

学名：*Sambucus javanica* Reinw. ex Blume

别名：过山龙、陆英

形态特征：多年生高大草本，高 1 ～ 2 米；茎具数条棱。奇数羽状复叶，对生；小叶 2 ～ 3 对，互生或对生，狭卵形或长圆形。大型复伞房花序顶生；花冠辐状，白色。浆果状核果，成熟时红色，近球形。花期 4 ～ 5 月。果期 7 ～ 10 月。

习性及分布：喜凉爽、湿润的气候，耐寒；一般土壤均可种植。广布于全国各地。

园林应用：可栽植于房前屋后，是公路生态环境绿化、荒坡绿化与水土保持的好材料。

知识拓展：根、叶入药。

红花山梗菜

桔梗科半边莲属

学名：*Lobelia cardinalis* L.

别名：红花半边莲

形态特征：多年生草本；茎圆柱状，直立。基生叶匙形；茎生叶倒卵状矩圆形至倒卵状披针形或椭圆形。总状花序顶生，花稀疏，偏向花序轴一侧；花冠淡红色或玫瑰色；上唇裂片条形，下唇裂片披针状长圆形。蒴果，矩圆状。花果期 8 ~ 10 月。

习性及分布：喜温暖的环境；喜疏松、肥沃的土壤。原产于云南。

园林应用：应用于花坛、花境，盆栽观赏。

熊耳草

菊科藿香蓟属

学名：*Ageratum houstonianum* Mill.

别名：**大花藿香蓟、胜红蓟、紫花藿香蓟**

形态特征：一年生草本，高 30 ~ 70 厘米；茎直立，具分枝，被多细胞长柔毛。叶对生，或有时上部的近互生，长卵形、三角状卵形或卵状心形，基出三脉或不明显五出。头状花序在茎枝顶端排成伞房或复伞房花序；花冠蓝色或白色。花果期全年。

习性及分布：喜光，喜温暖的环境，耐瘠薄，不耐寒；喜肥沃的砂质土壤。原产于墨西哥及毗邻地区。

园林应用：应用于花坛、花境。

知识拓展：全草药用。

加拿大一枝黄花

菊科一枝黄花属

学名：*Solidago canadensis* Linn.

别名：北美一枝黄花、黄莺

形态特征：多年生草本，高 30 ~ 80 厘米；茎直立，光滑，分枝少，基部带紫红色，单一。单叶互生，卵圆形、长圆形或披针形。头状花序直径 5 ~ 8 毫米，聚成总状或圆锥状；花黄色，舌状花约 8 朵。瘦果圆柱形。花期 9 ~ 10 月。果期 10 ~ 11 月。

习性及分布：喜光，喜凉爽、干燥的环境，耐寒，耐热，耐瘠薄。原产于北美。

园林应用：应用于花坛、花境。

知识拓展：加拿大一枝黄花是一种危害极大的外来入侵植物，具有极强的生长繁殖能力，能迅速扩展蔓延，其破坏性主要表现为抑制入侵地其它植物生长，破坏生态系统，破坏园林绿化景观。

雏菊

菊科雏菊属

学名：*Bellis perennis* Linn.
别名：马兰头花、长寿菊

形态特征：一年或多年生草本，高 10 ～ 20 厘米。叶基生，丛状，匙形或卵状匙形。头状花序单生；花莛被毛；雌性花白色或带粉红色，开展，中央两性花管状，多数，顶端 4 ～ 5 浅裂。瘦果倒卵形，扁平；无冠毛。花期 4 ～ 5 月。果期 6 ～ 7 月。
习性及分布：喜凉爽、湿润的环境，耐寒，不耐热；喜富含腐殖质的土壤。原产于欧洲。
园林应用：花朵娇小玲珑，应用于布置花坛、花境；或盆栽观赏。

荷兰菊

菊科紫菀属

学名：*Aster novi-belgii* Linn.

别名：纽约紫菀、紫菀、柳叶菊

形态特征：多年生草本，株高 40 ~ 80 厘米；茎直立，多分枝，多少被毛。叶长圆形至线状披针形。头状花序生茎顶，成圆锥状排列；总苞钟状；舌状花蓝紫色，长约 1.2 厘米。瘦果，长圆形；冠毛淡黄褐色。花果期 8 ~ 9 月。

习性及分布：喜光，喜通风良好的环境，耐旱，耐寒，耐瘠薄；喜疏松、肥沃的砂质土壤。原产于北美。

园林应用：花繁色艳，花期长。盆栽室内观赏和布置花坛、花境；也作为花篮、插花的配花。

蜡菊

菊科蜡菊属

学名：*Xerochrysum bracteatum* (Vent.) Tzvelev

别名：脆菊、腊菊、麦秆菊

形态特征：一年生或二年生草本，高 20 ～ 120 厘米；茎直立或斜升。叶长披针形或线形。头状花序单生于枝顶；总苞片黄色或白、红、紫色，外层短，内层长，宽披针形，顶端渐尖，基部厚；小花多数；冠毛具近羽状糙毛。瘦果无毛。

习性及分布：喜光，喜温暖、湿润的环境，不耐寒，忌酷热。原产于大洋洲。

园林应用：花朵繁盛，株型较大。应用于花坛、花境、庭院；亦可盆栽观赏。

知识拓展：蜡菊花朵干燥后，色泽经久不褪，是制做干花的上品材料。

百日菊

菊科百日菊属

学名：*Zinnia elegans* Sessé & Moc.

别名：百日草、步步登高、大球花

形态特征：一年生草本，高 30 ~ 90 厘米；茎直立，被糙毛或长硬毛。叶宽卵圆形或长圆状椭圆形，基部稍心形抱茎。头状花序大，直径 5 ~ 6 厘米，单朵顶生；外围舌状花深红色、玫瑰色、紫色或白色。瘦果倒卵状楔形。花期 6 ~ 9 月。果期 7 ~ 10 月。

习性及分布：喜光，耐旱，忌酷暑；喜肥沃、深厚的土壤。原产于墨西哥。

园林应用：著名的园艺观赏植物，花大色艳，开花早，花期长，株型美观。应用于花坛、花境；矮生种可盆栽；高秆品种适合做切花生产及露地栽种。同属植物小百日菊 *Zinnia angustifolia* H. B. K. 习性与用途同百日菊。

1 ~ 2. 百日菊
3. 小百日菊

1

2

3

黑心金光菊

菊科金光菊属

学名：*Rudbeckia hirta* Linn.

别名：**黑心菊、黑眼菊**

形态特征：一年生或二年生草本，高 30 ～ 90 厘米，全株被粗刺毛。下部叶长卵圆形、长圆形或匙形；叶柄有翅。头状花序顶生，全部被白色刺毛；花序托圆锥形；舌状花鲜黄色，管状花暗褐色或暗紫色。瘦果四棱形。花期 6 ～ 8 月。果期 9 ～ 10 月。

习性及分布：喜阳光充足的环境，耐旱，耐寒；对土壤要求不严。原产于北美。

园林应用：应用于花境、林缘、房前；也可盆栽观赏。同属植物金光菊 *Rudbeckia laciniata* Linn. 习性与用途同黑心金光菊。

1～2. 黑心金光菊
3. 金光菊

蟛蜞菊

菊科蟛蜞菊属

学名：*Wedelia chinensis* (Osbeck.) Merr.

别名：黄花蟛蜞草、黄花墨菜

形态特征：多年生匍匐草本，有时上部近直立；茎分枝。叶椭圆形、长圆形或线形。头状花序少数，单个顶生或腋生；花冠舌状，黄色；两性花花冠近钟形。雌花的瘦果具3边，边缘增厚，两性花的瘦果倒卵形，多疣状突起，顶端稍收缩成浑圆。花期3～9月。

习性及分布：耐旱，耐湿，耐瘠薄，耐盐碱，不耐寒；喜疏松的土壤。分布于我国南部、东部及东北部。印度、中南半岛、印度尼西亚、菲律宾、日本也有。

园林应用：蟛蜞菊全年开花不断，春夏为盛，是优良的地被植物。

肿柄菊

菊科肿柄菊属

学名：*Tithonia diversifolia* A. Gray

别名：假向日葵、墨西哥向日葵

形态特征：一年生草本，高 2 ～ 5 米；茎直立，分枝粗壮。叶卵形或卵状三角形，边缘 3 ～ 5 深裂。头状花序大，单个顶生或腋生，直径 5 ～ 15 厘米；总苞片 4 层；外围雌花一层，花冠舌状，黄色；中央的两性花多数，花冠管状，黄色。瘦果长圆形。花果期 7 ～ 11 月。

习性及分布：喜光，喜温暖的环境，不耐寒；喜肥沃、排水良好的土壤。原产于墨西哥。

园林应用：植株粗壮，花朵鲜艳。应用于花境、庭园；可作切花材料。

向日葵

菊科向日葵属

学名：*Helianthus annuus* Linn.

别名：朝阳花、葵花、太阳花

形态特征：一年生高大草本，高 1 ～ 3 米；茎粗壮，直立。叶互生，心状卵圆形或卵圆形。头状花序大，直径 10 ～ 30 厘米，单朵顶生或腋生；总苞片多层；外围舌状花黄色，多数；中央的管状花多数，棕色或紫色，能结实，花冠管状。瘦果倒卵形，稍压扁，有细肋。花期 5 ～ 8 月。果期 6 ～ 10 月。

习性及分布：喜光，喜温暖的环境，耐旱，耐盐。原产于北美。

园林应用：向日葵成片栽植可形成很好的景观效果；还可用于盆栽、布置花坛及与园林小品。

知识拓展：果实含油量高，供食用，也可炒食；花穗、种子皮壳及茎秆可作饲料及工业原料。

桂圆菊

菊科金钮扣属

学名：*Acmella oleracea* (L.) R.K.Jansen

别名：铁拳头、印度金钮扣

形态特征：一年生草本；茎直立或斜升，多分枝，带紫红色。叶卵形、宽卵圆形或椭圆形。头状花序单生，或圆锥状排列，卵圆形，有或无舌状花；花黄色，雌花舌状；两性花花冠管状；瘦果长圆形，稍扁压。花果期 4 ～ 11 月。

习性及分布：喜光，喜温暖、湿润的环境，忌干旱，不耐寒；喜疏松、肥沃的土壤。产于云南、广东、广西及台湾。印度、尼泊尔等也有。

园林应用：应用于花坛、花境；也可盆栽观赏。

知识拓展：同属植物金钮扣 *Acmella paniculata* (Wall. ex DC.) R.K.Jansen 习性与用途同桂圆菊。

1 ～ 2. 桂圆菊
3 ～ 4. 金钮扣

剑叶金鸡菊

菊科金鸡菊属

学名：*Coreopsis lanceolata* Linn.

别名：大金鸡菊、线叶金鸡菊

形态特征：多年生草本，高 30 ～ 70 厘米；茎直立，上部有分枝。基生叶成对簇生，匙形或线状倒披针形；上部叶较小，全缘或 3 深裂。头状花序单个顶生，直径 4 ～ 5 厘米；外围舌状花黄色，舌片倒卵形或楔形；管状花狭钟形。花期 5 ～ 9 月。

习性及分布：耐旱，耐涝，耐寒，耐热，耐瘠薄。原产于北美。

园林应用：色鲜艳，花期长。应用于花境、草地边缘、坡地、草坪；也可作切花。

知识拓展：同属植物玫红金鸡菊 *Coreopsis rosea* Nutt.、两色金鸡菊 *Coreopsis tinctoria* Nutt. 习性与用途同剑叶金鸡菊。

1 ～ 2. 剑叶金鸡菊
3. 玫红金鸡菊
4. 两色金鸡菊

大丽花

菊科大丽花属

学名：*Dahlia pinnata* Cav.

别名：大丽菊、地瓜花、洋菊花

形态特征：多年生草本，高 1 ～ 3 米；茎直立，多分枝。叶一至三回羽状全裂，裂片卵形或长圆状卵形。头状花序大，外围 1 层舌状花，舌片白色、红色或紫色；中央的管状花黄色，或有时在栽培品种中可全变为舌状花或假舌状花。花期 6 ～ 12 月。

习性及分布：喜光；喜疏松、肥沃、排水良好的土壤。原产于墨西哥。

园林应用：花型雍容华贵，层次丰富，花色艳丽。适宜布置花坛、花境；或庭院栽植；矮生品种可作盆栽；花朵用于制作切花、花篮、花环等。

知识拓展：世界各地最广泛栽培的观赏植物，约有 3000 多个栽培品种。

秋 英

菊科秋英属

学名：*Cosmos bipinnatus* Cav.

别名：八瓣梅、波斯菊、扫帚梅

形态特征：一年生或多年生草本，高 1 ~ 2 米；茎上部多分枝，无毛或稍被柔毛。叶二回羽状深裂，裂片线形或丝状线形。头状花序单生；中央的管状花多数，黄色。瘦果近棒状，具 2 ~ 3 尖刺。花期 6 ~ 10 月。果期 8 ~ 10 月。

习性及分布：喜光，喜温暖的环境，不耐寒，忌酷热，耐旱，耐瘠薄；喜排水良好的砂质土壤。原产于墨西哥。

园林应用：株形高大，叶形雅致，花色丰富。应用于花境、草地边缘或路旁。

知识拓展：同属植物黄秋英 *Cosmos sulphureus* Cav. 习性与用途同秋英。

1 ~ 3. 秋英
4. 黄秋英

万寿菊

菊科万寿菊属

学名：*Tagetes erecta* Linn.

别名：臭草、臭菊花、大万寿菊

形态特征：一年生草本，高 50 ～ 120 厘米；茎直立，粗壮，具纵细条棱，分枝向上平展。叶羽状分裂，裂片长圆形或披针形，边缘具少数腺体。头状花序单生于枝顶；舌状花黄色或暗橙色；管状花黄色。瘦果线形。花期 7 ～ 10 月。

习性及分布：喜光，喜温暖的环境，耐半荫；对土壤要求不严。原产于墨西哥。

园林应用：色彩艳丽，是优良的鲜切花材料；盆栽可作背景材料。同属植物孔雀草 *Tagetes patula* Linn. 习性与用途同万寿菊。

1 ～ 4．万寿菊
5 ～ 6．孔雀草

天人菊

菊科天人菊属

学名：*Gaillardia pulchella* Foug.

别名：虎皮菊、忠心菊、六月菊

形态特征：一年生草本；茎中部以上多分枝。下部叶匙形或倒披针形，全缘或上部有疏齿或中部以上3浅齿。头状花序单生于枝顶，直径约5厘米；舌状花黄色，基部带紫色；管状花的冠檐5裂。瘦果基部被长柔毛，具冠毛。花果期6～9月。

习性及分布：喜光，耐旱，不耐寒，耐半荫；喜疏松、排水良好的土壤。原产于美洲热带。

园林应用：花姿娇娆，色彩艳丽，花期长，应用于花坛、花境。

菊科蓍属

学名：*Achillea millefolium* Linn.

别名：洋蓍草、千叶蓍

形态特征：多年生草本，高 40 ～ 100 厘米；茎直立，上部分枝或不分枝。中部叶披针形或长圆状披针形，二至三回羽状全裂。头状花序多数，密集成伞房状花序；舌状花约 5 朵，白色或粉红色，舌片近圆形；两性花花冠管状，黄色。瘦果长圆形。花期 6 ～ 8 月。果期 7 ～ 10 月。

习性及分布：耐瘠薄，耐旱；喜排水良好的土壤。我国新疆、内蒙古及东北有野生。广泛分布于欧洲、非洲。

园林应用：花期长，花色多。应用于花境、花坛；也可布置岩石园；或群植于林缘形成花带。

菊花

菊科菊属

学名：*Dendranthema morifolium* (Ramat.) Tzvel.

别名：菊、白茶菊

形态特征：多年生草本，高 60 ~ 150 厘米；茎直立，不分枝或上部多分枝。下部叶及中部叶卵形、披针形或长圆形。头状花序单生，或数个顶生或腋生；总苞片多层，绿色，被白色茸毛，中层倒卵形；舌状花白色、黄色、粉红色或紫色；两性花黄色，常不育。花期 10 月至翌年 2 月。

习性及分布：喜光，喜凉爽的气候；喜疏松、肥沃的砂质土壤。原产于我国。

园林应用：我国各地广为栽培，历史悠久，又经培育和人工杂交，目前品种极多。全国各地盛行菊花展览，以展示名目众多、优美壮观的菊花品种。

知识拓展：目前菊花品种，主要根据花序直径大小、花枝习性等分为两大类：满天星类（小花型）和大菊类（大花型）；其次，再根据舌状花和管状花数量多少之比分为：舌状花系和盘状花系，然后根据瓣型和瓣化程度又分成“类”和“型”。通常舌状花系可分：平瓣类、匙瓣类、管瓣类和毛刺类。盘状花系又可分：平瓣托桂类、匙瓣托桂类及管瓣托桂类等。类以下的分型，常因各地习惯不同又分许多型。菊花的主要用途分艺菊和药菊。

亚菊

菊科亚菊属

学名：*Ajania pallasiana* (Fisch. ex Bess.) Poljak.

别名：金球菊

形态特征：多年生草本；茎直立。中部茎叶卵形，长椭圆形或菱形。茎上部叶常羽状分裂或 3 裂。头状花序多数或少数在茎顶或分枝顶端排成疏松或紧密的复伞房花序；花冠与两性花花冠同形，管状，顶端 5 齿裂；雌花与两性花花冠全部黄色，外面有腺点。花果期 8 ~ 9 月。

习性及分布：适应性强，耐热，耐寒。产于黑龙江。朝鲜也有分布。

园林应用：应用于花坛、路边、林缘；也适于片植观赏或庭院种植。

芙蓉菊

菊科芙蓉菊属

学名：*Crossostephium chinensis* (A.Gray ex L.) Makino

别名：蕲艾

形态特征：半灌木，高 20 ~ 40 厘米；茎直立，上部多分枝。叶常聚生于枝端，灰白色，狭匙形或狭倒披针形。头状花序多数，生于枝端叶腋，排成具叶的总状花序；两性花花冠管状，冠檐 5 齿裂，外面密生腺点。花果期 7 月至翌年 4 月。

习性及分布：喜温暖、湿润的气候，耐热，耐旱，耐碱，不耐水渍，不耐寒。分布于我国东南沿海各地。

园林应用：应用于花坛、花境；也可作为切花材料。

知识拓展：全草供药用。

瓜叶菊

菊科瓜叶菊属

学名：*Pericallis hybrida* B. Nord.

别名：瓜叶莲、千日莲

形态特征：多年生草本；茎直立，密被白色长柔毛。叶互生，肾形至宽心形，有时上部叶三角状心形，基部深心形。头状花序组成宽大的伞房花序状；花紫红色、淡蓝色、粉红色或近白色；舌状花的舌片长椭圆形。瘦果长圆形。花果期3～7月。

习性及分布：喜凉爽的气候，忌高温，忌霜冻；喜疏松、肥沃、排水良好的土壤。原产于大西洋的加那利群岛。

园林应用：花朵鲜艳，冬春时节主要的观赏植物之一。应用于花坛、花境；盆栽布置过道。

金盏菊

菊科金盏花属

学名：*Calendula officinalis* Hohen.

别名：白菊花、大金盏花

形态特征：一年生草本；茎直立，被柔毛及腺毛，上部有分枝。叶互生，下部叶通常匙形，中部叶长椭圆形或长椭圆状倒卵形。头状花序单生于枝端；花黄色或橙黄色，具异型花；舌状花通常3层；管状花长约5毫米。瘦果内弯。花果期4～10月。

习性及分布：喜阳光充足的环境，较耐寒，不耐热；喜疏松、肥沃、微酸性的土壤。原产于欧洲南部和非洲北部。

园林应用：为优良抗污花卉，是春季花坛的主要材料，可作切花及盆栽。

大吴风草

菊科大吴风草属

学名：*Farfugium japonicum* (Linn. f.) Kitam.

别名：八角乌、橐吾、山菊

形态特征：多年生草本。茎叶椭圆形或长椭圆状披针形；基生叶莲座状，具长柄，叶片肾形、心形或扇形，有时掌状浅裂。头状花序在花茎顶端排列成疏伞房状；舌状花 8 ~ 12 个，黄色；管状花多数，黄色。瘦果圆柱状。花果期 8 月至翌年 3 月。

习性及分布：喜半荫，喜湿润的环境，耐寒；喜疏松、肥沃、排水良好的土壤。分布于广东、广西、湖南、湖北、台湾。日本也有。

园林应用：适宜大面积种植作林下地被或立交桥下地被；也可盆栽室内观赏。

矢车菊

菊科蓝花矢车菊属

学名：*Centaurea cyanus* Linn.

别名：蓝芙蓉、车轮花、翠兰

形态特征：一、二年生草本，高30 ~ 80厘米；茎直立，上部多分枝。基生叶及下部叶长椭圆状披针形或披针形；中上部茎叶线形。头状花序单生于枝端；外围花冠近舌状，紫色、蓝色、淡红色或白色，中央为管状花。瘦果椭圆形，有毛。花果期2 ~ 8月。

习性及分布：喜光，忌湿，较耐寒；喜肥沃、疏松、排水良好的砂质土壤。原产于欧洲。

园林应用：株型飘逸，花态优美。应用于花坛、草地，也作盆花观赏。

知识拓展：是一种良好的蜜源植物。

蒲公英

菊科蒲公英属

学名：*Taraxacum mongolicum* Hand.-Mazz.

别名：白鼓丁、灯笼草、公英

形态特征：多年生草本。叶通常由茎基部抽出，狭倒披针形或倒卵状披针形，羽状浅裂或倒向羽状深裂。花葶与叶片等长或稍长；头状花序直径3～3.5厘米；舌状花多数，鲜黄色。瘦果长圆形，稍扁，土黄色。花果期4～7月。

习性及分布：喜阳光充足的环境，耐寒；对土壤的要求不严。广布于全国各地。

园林应用：可作地被；或应用于花坛、花境；也可盆栽观赏。

灰毛菊

菊科熊耳菊属

学名：*Arctotis venusta* Norl.

别名：蓝眼灰毛菊、蓝眼菊

形态特征：多年生草本植物，植株高 40 ~ 60 厘米。基生叶丛生，茎生叶互生，通常羽裂。头状花序单生，直径 7 ~ 8 厘米，总花梗长 15 ~ 30 厘米，总苞有茸毛，舌状花白色，背面淡紫色，盘心蓝紫色。瘦果有棱沟，具长柔毛。

习性及分布：喜光，喜温暖的环境，稍耐寒；喜疏松、肥沃的砂质土壤。原产于南非。

园林应用：可用于花坛、花境；也可盆栽观赏。

黄金菊

菊科黄蓉菊属

学名：*Euryops chrysanthemoides × speciosissimus*

别名：木春菊、蓬蒿菊

形态特征：多年生草本或亚灌木，高达1米；茎直立，枝条大部分木质化。叶宽卵形、椭圆形或长圆形，二回羽状分裂，第一回为深裂或近全裂，第二回为浅裂或半裂。头状花序多数，直径3～4厘米，排成不规则的伞房花序；舌状花1层，黄色；管状花黄色。花期5～6月。果期6～8月。

习性及分布：喜温暖、湿润的环境，不耐寒；喜富含有机质、疏松、排水良好的土壤。原产于北非加那利群岛。

园林应用：花期长，枝叶繁茂，花色淡雅，为春季重要盆花，也应用于花坛、花境。

松果菊

菊科松果菊属

学名：*Echinacea purpurea* (Linn.) Moench

别名：紫松果菊、紫锥菊

形态特征：多年生草本植物，株高 60 ~ 150 厘米；全株具粗毛；茎直立。基生叶卵形或三角形；茎生叶卵状披针形；叶柄基部稍抱茎。头状花序单生于枝顶，或数朵聚生，花径达 10 厘米；舌状花紫红色，管状花橙黄色。

习性及分布：喜温暖的环境，稍耐寒；喜肥沃、深厚的土壤。分布于北美洲中部及东部。

园林应用：应用于花坛、花境、坡地；亦作切花材料。

非洲菊

菊科火石花属

学名：*Gerbera jamesonii* Bolus ex Hook.f.

别名：**扶郎花、大火草、灯盏花**

形态特征：多年生草本，高约60厘米，被细毛。基生叶多数，长椭圆状披针形，羽状深裂或浅裂。头状花序单生茎顶；花莛长达40厘米；总苞盘状钟形；舌状花颜色多样，线状披针形。瘦果扁平，有喙；冠毛一至多列，粗糙。花期冬至春。

习性及分布：喜温暖的气候，耐热，稍耐寒；喜疏松、肥沃、排水良好的微酸性砂质土壤。原产于非洲。

园林应用：花朵硕大，花枝挺拔，花色艳丽。应用于花坛、花境；或温室盆栽作厅堂、会场等装饰摆放；亦作鲜切花材料。

黄帝菊

菊科黑足菊属

学名：*Melampodium divaricatum* (Rich.) DC.

别名：美兰菊

形态特征：一、二年生草本，植株高约 30 ~ 50 厘米。叶对生，阔披针形或长卵形。头状花序顶生，花径约 2 厘米；舌状花金黄色；管状花黄褐色。瘦果。花期从春季至秋季。

习性及分布：喜光，喜温暖的环境，耐旱；喜肥沃、排水良好的砂质土壤。原产于中美洲。

园林应用：花色鲜黄，适合布置花坛；可盆栽观赏。

银香菊

菊科银香菊属

学名：*Santolina chamaecyparissus* Linn.

别名：圣麻菊、香绵菊

形态特征：多年生草本，株高50厘米；枝叶密集，新梢柔软，具灰白柔毛。叶银灰色。花朵黄色，如纽扣。花期6～7月。

习性及分布：喜光，耐旱，耐瘠薄，耐高温，忌湿涝。产地不详。

园林应用：为近年来流行的花境材料，应用于花坛、花境、岩石园、低矮绿篱。

藤本类

紫藤

豆科紫藤属

学名：*Wisteria sinensis* (Sims) Sweet

别名：藤花、葛花藤、千岁藤

形态特征：木质落叶大藤本；嫩枝被伏丝状毛。叶为奇数羽状复叶；小叶 7 ～ 13 片，对生或近对生，卵状披针形或长圆状披针形。总状花序长 15 ～ 30 厘米，下垂，花大，紫色或深紫色。荚果扁平，长条形，长 10 ～ 20 厘米，密被短茸毛。花果期 4 ～ 7 月。

习性及分布：喜光，耐寒，耐荫，耐瘠薄；喜土层深厚、排水良好的土壤。原产于中国，朝鲜、日本也有分布。

园林应用：花开繁多，串串花序悬挂。在庭园中或公园中用其攀绕棚架，制成花廊。

知识拓展：花可食；茎、皮及花供药用；其茎强韧，可当绳索用或作编织材料。

常春油麻藤

豆科黧豆属

学名：*Mucuna sempervirens* Hemsl.

别名：过山龙、常绿黎豆

形态特征：木质藤本，直径可达30厘米。小叶3片，革质，侧生小叶基部偏斜。总状花序生于老茎上；花冠深紫色，旗瓣短且宽，翼瓣较长，龙骨瓣最长。荚果木质，带状，扁平，种子间隘缩；种子10余个，扁长圆形。花果期4～10月。

习性及分布：喜温暖、湿润的气候，耐旱，耐荫。分布于湖北、四川、云南、贵州、江西、浙江。日本也有。

园林应用：花大蝶形，深紫色。适于攀附建筑物、围墙、陡坡、岩壁等处，是棚架和垂直绿化的优良植物。

知识拓展：全草药用；茎皮纤维可织麻袋及造纸，枝条可编箩筐；块根可提取淀粉；种子可供食用和榨油。同属植物白花油麻藤 *Mucuna birdwoodiana* Tutch. 习性与用途同常春油麻藤。

扶芳藤

卫矛科卫矛属

学名：*Euonymus fortunei* (Turcz.) Hand.-Mazz.

别名：靠墙风、爬墙草

形态特征：常绿或半常绿藤本，以气根攀援；小枝近圆柱形，绿色，有棱，有细密疣状皮孔。叶薄革质，椭圆形、长圆状椭圆形或卵状椭圆形。聚伞花序二歧分枝，花多数，花绿白色。蒴果近球形，具4浅沟。花期6月。

习性及分布：喜温暖、湿润的环境，较耐寒，耐荫。分布于云南、四川、湖南、江西、浙江、安徽、河南、陕西、甘肃。朝鲜、日本也有。

园林应用：四季常青，有较强的攀援能力。可作地被、绿墙等；也可盆栽观赏。

知识拓展：茎叶供药用。

异叶地锦

葡萄科地锦属

学名：*Parthenocissus dalzielii* Gagnep.

别名：异叶爬山虎、爬墙虎

形态特征：草质藤本；枝粗壮；卷须纤细，短而分叉，顶端有吸盘。叶异形，厚纸质，营养枝上的叶常为单叶，心状卵形或心状圆形，老枝上或花枝上的叶，通常为三出复叶。聚伞花序呈圆锥花序排列，顶生或与叶对生；花小，淡绿色，花瓣 5 片。浆果球形，紫黑色，被白粉。花期 4 ~ 7 月。果期 9 ~ 10 月。

习性及分布：喜阴湿的环境，忌强光，耐寒，耐旱，耐贫瘠；喜肥沃的土壤。分布于广东、四川、湖南、台湾、安徽。越南、印度尼西亚也有。

园林应用：夏季枝叶茂密。适于配植宅院墙壁、围墙、庭园入口处、桥头等处；可用于绿化房屋墙壁、公园山石。

知识拓展：同属植物绿叶地锦 *Parthenocissus laetevirens* Rehd.、地锦 *Parthenocissus tricuspidata* (Sieb. et Zucc.) Planch. 习性与用途同异叶地锦。

1 ~ 2. 异叶地锦
3 ~ 4. 地锦
5 ~ 6. 绿叶地锦

锦屏藤

葡萄科白粉藤属

学名：*Cissus sicyoides* L.

别名：锦屏粉藤

形态特征：多年生常绿蔓性草质藤本，枝条纤细；茎节生长红褐色具金属光泽的气根，长可达 3 米。单叶互生，长心形，叶缘有锯齿，具长柄。聚伞花序，花小，四瓣，淡绿白色。果近球形，青绿色，成熟后紫黑色。

习性及分布：喜光，喜温暖、湿润的环境；喜疏松、肥沃的土壤。原产于热带美洲。

园林应用：气生根悬挂于棚架下、风格独具；适合作绿廊、绿墙或荫棚。

薜荔

桑科榕属

学名：*Ficus pumila* L.

别名：凉粉树、抱树莲

形态特征：攀援或匍匐灌木；幼时以不定根攀援于墙壁或树上。叶通常二型，在不生花序托的小枝上，常较小而薄；在生花序托的枝或老枝上，叶大而厚。花序托单个顶生，梨形或近球形，绿色，成熟时略带淡黄色；雄花和虫瘿花生于同一花序托中；雄花多数，生于花序托近口部，雌花生于另一花序托中。

习性及分布：喜温暖、湿润的气候；喜疏松、肥沃的土壤。分布于我国长江以南各地。日本、印度、越南也有。

园林应用：薜荔的不定根发达，攀援及生存适应能力强，用于垂直绿化、山石美化。

知识拓展：瘦果可制凉粉，供食用；茎皮纤维可制人造棉、绳索和造纸；根、茎、藤、叶、果供药用；胶乳可提制橡胶。

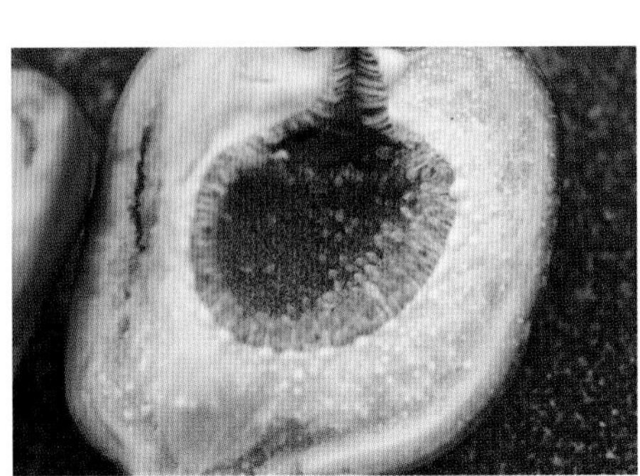

使君子

使君子科使君子属

学名：*Quisqualis indica* Linn.

别名：留求子、君子仁

形态特征：攀援状藤本，幼嫩部有黄褐色短柔毛。叶对生，薄纸质，长圆状椭圆形至卵形。穗状花序顶生，有时近伞房状；花两性；花萼管细长，绿色；花瓣 5 片，长椭圆形至倒卵形，初时白色，后变红色。果卵形，革质，具 5 棱。花期 7 ~ 10 月。果期秋冬。

习性及分布：喜温暖、湿润的环境，稍耐寒，忌涝；喜疏松、肥沃的土壤。分布于我国南方。印度、缅甸、菲律宾也有。

园林应用：花轻盈优雅，芳香醉人。可用于花廊、花架，也可盆栽观赏。

知识拓展：果实、种子供药用。

常春藤

五加科常春藤属

学名：*Hedera nepalensis* var. *sinensis* (Tobl.) Rehd.

别名：**爬树藤、爬墙虎、中华常春藤**

形态特征：草质藤本；具气生根。叶革质，在营养枝上的通常为三角状卵形至三角状圆形，全缘或具 3 裂，在花枝及果枝上的通常为椭圆状卵形至椭圆状披针形，略歪斜而带菱形。伞形花序单个或 2 ～ 7 个顶生，再组成总状或伞房状圆锥花序。果圆球形，红色或黄色。花期 9 ～ 11 月。果期翌年 3 ～ 5 月。

习性及分布：喜温暖、湿润的气候，不耐寒，不耐盐碱；喜疏松、肥沃的土壤。分布于秦岭以南广大地区。越南也有。

园林应用：株形优美、规整，叶形多样。应用于假山、岩石，或在建筑阴面作垂直绿化材料；也可盆栽供室内观赏。

知识拓展：茎、叶含单宁，可提制栲胶；全株供药用。同属植物洋常春藤 *Hedera helix* L. 习性与用途同常春藤。

1 ～ 3. 常春藤
4 ～ 5. 洋常春藤

多花素馨

木犀科素馨属

学名：*Jasminum polyanthum* Franch.

别名：白素馨、鸡爪花

形态特征：缠绕木质藤本。叶对生，羽状深裂或为羽状复叶，有小叶 5 ~ 7 枚，披针形或卵形。总状花序或圆锥花序顶生或腋生，有花 5 ~ 50 朵；花极芳香；花冠花蕾时外面呈红色，开放后变白，内面白色，花冠管细长，长 1.3 ~ 2.5 厘米。果近球形。花期 2 ~ 8 月。果期 11 月。

习性及分布：喜光，喜温暖、湿润的环境，喜湿润、肥沃、排水良好的土壤。产于四川、贵州、云南。

园林应用：枝蔓柔韧，叶片素雅，花朵芳香，具有很好的装饰效果。应用于篱栅旁边、花廊、假山旁。

知识拓展：全株入药。

络 石

夹竹桃科络石属

学名：*Trachelospermum jasminoides* (Lindl.) Lem.

别名：石血、络石藤、石龙藤

形态特征：木质藤本。叶革质或近革质，椭圆形至卵状椭圆形，对生。二歧聚伞花序顶生或生于小枝上部叶腋；花白色，芳香；花盘环状5裂。蓇葖果叉开，线状披针形，长10～20厘米，向顶端渐尖。花期4～8月。果期8～12月。

习性及分布：喜半荫，喜湿润的环境，耐旱，耐水涝，耐寒；喜排水良好的砂质土壤。分布于华南、西南、华东等地。日本、朝鲜和越南也有。

园林应用：四季常青，花洁白如雪，幽香袭人。用作垂直绿化或地被。

知识拓展：茎皮纤维拉力强，可编绳索，也可做造纸及人造棉的原料；花芳香，可提取"络石浸膏"；根、茎、叶及果实药用；乳汁有毒，对心脏有毒害作用。络石的园艺品种变色络石 *Trachelospermum jasminoides* 'Variegatum' 习性与用途同络石。

1, 4, 5. 络石
2～3. 变色络石

球兰

萝藦科球兰属

学名：*Hoya carnosa* (Linn. f.) R. Br.
别名：壁梅、贴壁梅、绣球花

形态特征：藤本，附生于树干或岩石上，茎节上生气根。叶肉质，对生，卵圆形至长圆状椭圆形，全缘。聚伞花序伞形状，有花约 30 朵；花冠白色，辐状，花冠筒短，裂片内面密生乳头状突起，副花冠星状，外角急尖，中脊隆起，边缘反折而成 1 个孔隙。蓇葖果圆柱状，顶端渐尖，光滑，长 7 ～ 10 厘米。花期 4 ～ 6 月，果期 7 ～ 8 月。

习性及分布：喜温暖、潮湿的气候；喜富含腐殖质、排水良好的土壤。分布于广东、福建、云南及台湾。

园林应用：小花簇生，清雅芳香。适于吊挂栽培观赏。

知识拓展：国内外都有栽培。国际上成立球兰协会，专门收集本属各种及园艺品种。球兰全株药用。

五爪金龙

旋花科番薯属

学名：*Ipomoea cairica* Hand.-Mazz.

别名：番仔藤、上竹龙、五爪龙

形态特征：多年生草质藤本；茎缠绕，灰绿色，常有小疣状凸起。叶互生，指状5深裂，裂片椭圆状披针形，全缘。花单生于叶腋，或2～3朵簇生；花冠漏斗状，淡紫红色。花期几全年。

习性及分布：喜光，喜温暖、湿润的环境；喜疏松、肥沃的土壤。原产于美洲。

园林应用：为夏、秋常见的蔓生花卉，是垂直绿化和小型花架的好材料；可作篱边的爬藤材料。

牵　牛

旋花科番薯属

学名：*Ipomoea nil* (L.) Roth
别名：喇叭花、牵牛花、裂叶牵牛

形态特征：一年生草质藤本；全株被倒生的长硬毛。叶互生，宽卵形或近圆形，通常3裂，基部心形。花蓝紫色或紫红色，有花1～3朵，有时较多，排成腋生聚伞花序；花冠漏斗状，冠檐5浅裂。蒴果近球形。花期7～10月。果期10月。

习性及分布：喜光，喜温暖的气候，耐旱，忌积水，耐盐碱，耐高温；喜肥沃、排水良好的土壤。原产于美洲热带地区。

园林应用：应用于庭院围墙以及高速道路护坡的绿化美化。

知识拓展：种子供药用。同科植物圆叶牵牛 *Ipomoea purpurea* (L.) Roth 习性与用途同牵牛。

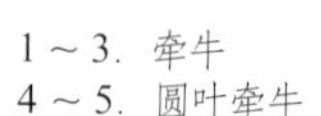
1～3. 牵牛
4～5. 圆叶牵牛

茑萝

旋花科茑萝属

学名：*Quamoclit pennata* L.

别名：茑萝松、鸟萝

形态特征：一年生草质藤本。叶互生，卵形或长圆形，羽状深裂至中脉，裂片 10 ～ 18 对，线形，平展。花深红色，数朵排成腋生聚伞花序，花冠高脚碟状，长 2.5 ～ 3.5 厘米，管柔弱，上部稍膨大，冠檐平展，5 浅裂。蒴果卵形。花期 6 ～ 11 月。

习性及分布：喜光，喜温暖、湿润的环境，不耐寒；喜肥沃的土壤。原产于南美洲，广布于世界温带及热带地区。

园林应用：叶纤细秀丽，是庭院花架、花篱的优良材料；也可盆栽室内观赏。

炮仗花

学名：*Pyrostegia venusta* (Ker-Gawl.) Miers

别名：黄金珊瑚、炮掌花、炮仗红

紫葳科炮仗藤属

形态特征：高大藤本，茎粗壮有棱。叶对生，小叶 1 ~ 3 片，其中 1 片常变为 1 条 1 ~ 3 分叉的卷须，小叶卵形至卵状椭圆形。聚伞花序生于侧枝顶端或近顶叶腋，成伞房状花丛；花冠筒状，橙红至橙黄色；花蕾时镊合状排列，开花时外反；能育雄蕊 4 枚，2 枚明显伸出，2 枚稍长过喉部，不育雄蕊 1 枚。

习性及分布：喜光，喜温暖、湿润的气候；喜肥沃、酸性的土壤。原产于美洲热带地区。

园林应用：生命力强，生长旺盛，栽培容易。多种植于庭院、棚架、花门和栅栏，作垂直绿化。

翼叶山牵牛

爵床科山牵牛属

学名：*Thunbergia alata* Bojer ex Sims

别名：**翼叶老鸦嘴、黑眼花**

形态特征：缠绕草本；茎具2槽，被倒向柔毛。叶柄具翼；叶片卵状箭形或卵状稍戟形。花单生叶腋；小苞片卵形；花冠管长2～4毫米，喉长10～15毫米，冠檐裂片倒卵形，冠檐黄色，喉蓝紫色。蒴果被开展柔毛。

习性及分布：喜光，喜高温、高湿的环境，较耐荫，耐旱，不耐寒；喜富含有机质的酸性土壤。原产于非洲。

园林应用：花冠高脚碟状，花色多样，有黄色、橙色、白色。应用于垂直绿化、花廊。

知识拓展：同属植物山牵牛 *Thunbergia grandiflora* (Rottl. ex Willd.) Roxb.、桂叶山牵牛 *Thunbergia laurifolia* Lindl. 习性与用途同翼叶山牵牛。

1. 翼叶山牵牛
2. 山牵牛
3. 桂叶山牵牛

鸡蛋果

西番莲科西番莲属

学名：*Passiflora edulis* Sims

别名：百香果、日本瓜、洋石榴

形态特征：草质藤本。叶掌状 3 深裂，叶柄近顶端有 2 枚大腺体。花单朵，腋生，芳香，直径约 5 厘米；苞片绿色，叶状；花瓣白带紫绿色；副花冠丝状体多数，3 轮排列，白色，基部紫色。浆果卵球形，直径 5 ～ 7 厘米，成熟时黄带紫色，种子多数。

习性及分布：喜光，喜温暖的气候，不耐寒，忌积水；喜肥沃、排水良好的土壤。原产于巴西。

园林应用：用作垂直绿化或作花廊材料。

知识拓展：鸡蛋果用于制作夏季清凉饮料，清香宜人。同属植物红花西番莲 *Passiflora coccinea* Aubl. 习性与用途同鸡蛋果。

1 ～ 3. 鸡蛋果
4. 红花西番莲

倒地铃

无患子科倒地铃属

学名：*Cardiospermum halicacabum* Linn.

别名：鬼灯笼、灯笼草、灯笼泡

形态特征：攀援草质藤本；茎有棱，节间长 2 ～ 10 厘米。叶互生，二回三出复叶；小叶膜质，卵形至卵状披针形，边缘有 2 ～ 4 枚裂齿，有时羽状浅裂至深裂。花序长 6 ～ 12 厘米，花小，白色。蒴果膜质，倒卵状三角形。花期 7 ～ 11 月。果期 8 ～ 12 月。

习性及分布：喜温暖、湿润的环境；喜疏松、肥沃的土壤。分布于长江以南。中南半岛也有。

园林应用：可用作棚架，美化窗台；也可作为地被植物。

忍冬

忍冬科忍冬属

学名：*Lonicera japonica* Thunb.

别名：金银花藤、金银花

形态特征：半常绿木质藤本。叶纸质，卵形、长圆状卵形或卵状披针形。总花梗通常单生于小枝上部叶腋；苞片大，叶状，卵形或椭圆形；花冠初时白色，后变金黄色，唇形，上唇裂片先端钝，下唇裂片线形而反曲。果球形，直径 5 ～ 7 毫米，成熟时蓝黑色。花期 4 ～ 7 月。果期 9 ～ 10 月。

习性及分布：喜光，耐荫，耐寒，耐旱，耐水湿；喜湿润、肥沃的砂质土壤。全国各地多见分布。朝鲜、日本也有。

园林应用：应用于林下、林缘、建筑物旁等处做地被栽培；还可做绿化矮墙；亦可制作花廊、花架、花栏、花柱。

知识拓展：花开时，先是白色，其后变黄，白时如银，黄时似金，金银相映，绚烂多姿，所以被称为金银花。花、藤供药用。同属植物淡红忍冬 *Lonicera acuminata* Wall.、京红久忍冬 *Lonicera heckrottii* Rehd.、郁香忍冬 *Lonicera fragrantissima* Lindl. ex Paxt. 习性与用途同忍冬。

1 ～ 2. 忍冬
3. 淡红忍冬
4. 京红久忍冬
5. 郁香忍冬

竹类

粉单竹

禾本科簕竹属

学名：*Bambusa chungii* McClure

别名：白粉单竹、大粉单竹、丹竹

形态特征：秆高 8 ~ 10 米，直径 5 厘米，尾梢稍下弯。节间壁薄，幼时被厚白粉。节环平，箨鞘早落，背面幼时被白粉，并疏生贴伏刺毛；刺毛不久脱落或仅在基部存留。分枝高，常于第八节开始分出，多分枝簇生于节上。叶片披针形至条状披针形。

习性及分布：喜温暖、湿润的气候；喜疏松、肥沃的砂壤土。分布于广东、广西、湖南。

园林应用：秆被浓密白粉，体态秀美。应用于山坡、院落、道路旁。

知识拓展：秆壁薄柔韧，节间长直，为优良的编织用材。

青丝黄竹

禾本科簕竹属

学名：*Bambusa eutuldoides* var. *viridivittata* (W. T. Lin) L. C. Chia

别名：惠阳花竹

形态特征：地下茎合轴型。秆丛生，通常直立，秆节间柠檬黄色具绿色纵条纹；节间圆筒形，箨鞘新鲜时为绿色具柠檬黄色纵条纹，箨耳大的那一枚较原变种的为短，强波状皱褶。秆环较平坦；秆每节分枝为数枝，簇生。

习性及分布：喜温暖、湿润的气候；喜疏松、肥沃的砂质土壤。原产于广东。

园林应用：竹秆色彩夺目，非常美观。栽培于庭园、绿地观赏。

观音竹

禾本科簕竹属

学名：*Bambusa multiplex* var. *riviereorum* R. Maire

别名：米竹、筋头竹、蓬莱竹

形态特征：丛生竹，株丛密集，竹秆矮小，尾梢近直或略弯，下部挺直，绿色；幼时薄被白蜡粉。分枝自秆基部第二或第三节即开始，数枝乃至多枝簇生。末级小枝具 5 ~ 12 叶；边缘具波曲状细长緣毛；叶舌圆拱形；叶片线形。

习性及分布：喜半荫，喜温暖、湿润的环境，稍耐寒，忌曝晒，忌渍水；喜疏松、肥沃、排水良好的土壤。分布于云南、广东、广西、四川、福建。日本、印度也有。

园林应用：秆茎矮小，密生小枝，细柔下垂。应用于河边、宅旁，或与假山、叠石配植。

青皮竹

禾本科簕竹属

学名：*Bambusa textilis* McClure

别名：黄竹、篾竹、山青竹

形态特征：秆高6～8米，直径3～5厘米，壁薄，幼秆被白粉及密生淡色小刺毛。秆箨早落，革质，略带光泽，箨鞘仅下部或近基部贴生暗棕色刺毛；箨片直立，卵状三角形，基部作心形收缩而较箨鞘顶端稍窄，背面疏生暗棕色刺毛，腹面基部粗糙。分枝高，各节分枝多数。叶片披针形至条状披针形，背面密生短柔毛。

习性及分布：喜温暖、湿润的气候；喜疏松、肥沃的土壤。分布于广东、广西。

园林应用：秆密集，枝稠叶茂，绿荫成趣。片植于庭园、公园、房前屋后。

知识拓展：秆柔韧，节间长直，是优质的蔑用竹种，常用以编织各种竹器及工艺品。秆节间常因竹蜂咬伤而分泌出伤流液，经干涸后凝结成固体，即中药"竹黄"。

鼓节竹

学名：*Bambusa tuldoides* ‘Swolleninternode’ N. H. Xia

别名：青竿竹

禾本科簕竹属

形态特征：竹秆高 6 ~ 8 米，径 3 ~ 5 厘米，节间绿色，被白粉。箨鞘绿色，先端呈不对称的圆拱形；竹秆下部节间缩短而膨大。箨耳不等大，黑褐色，边缘缝毛波状；箨舌高 2 ~ 3 毫米，先端细齿状；箨叶三角状披针形，直立，基部两侧与箨耳相连。叶片披针形，长 10 ~ 20 厘米，宽 1.2 ~ 1.8 厘米。笋期 7 ~ 9 月。

习性及分布：喜温暖、湿润的气候；喜疏松、肥沃的土壤。分布于广东。

园林应用：片植于庭院、公园、房前屋后。

佛肚竹

禾本科簕竹属

学名：*Bambusa ventricosa* McClure

别名：凸肚竹

形态特征：秆下部略呈“之”字型曲折；节间圆柱形，短缩而肿胀，呈瓶状或棍棒状；分枝常于秆基部第三或第四节开始分出，秆下部的分枝常具软刺，中部则多枝簇生于节上；叶片卵状披针形至长圆状披针形。

习性及分布：喜光，喜温暖、湿润的气候，稍耐寒，耐水湿，不耐旱；喜肥沃、湿润的酸性土壤。产于广东。

园林应用：为著名观赏竹种，可作庭园、绿地观赏；亦可制作盆景。

知识拓展：同属植物大佛肚竹 *Bambusa vulgaris* ‘Wamin’ McClure 习性与用途同佛肚竹。

1～3. 佛肚竹
4. 大佛肚竹

黄金间碧竹

禾本科簕竹属

学名：*Bambusa vulgaris* 'Vittata' McClure

别名：花竹、黄金间碧玉、埋桑罕

形态特征：秆直立，高6～15米，直径4～8厘米，尾梢稍下弯，节间长20～30厘米，圆柱形，具鲜黄色间以绿色的纵条纹。秆箨革质，早落，背面被暗棕色刺毛；每节分枝多数，分枝高，主枝较粗长。每小枝具叶6～7片。

习性及分布：喜高温、高湿的气候，不耐寒；喜肥沃、湿润的酸性土。分布于广东、广西。

园林应用：秆有鲜黄间以绿色纵条纹，光洁清秀，为优美的观赏竹种。应用于庭园、绿地观赏。

龟甲竹

禾本科刚竹属

学名：*Phyllostachys edulis* 'Heterocycla'

别名：龙鳞竹、佛面竹

形态特征：秆直立，粗大，高可达20米，表面灰绿；节粗或稍膨大，从基部开始，下部竹秆的节间歪斜，节纹交错，斜面突出，交互连接成不规则相连的龟甲状，愈基部的节愈明显。叶披针形，一束2～3枚。

习性及分布：喜光，喜温暖、湿润的环境；喜疏松、肥沃的土壤。分布于秦岭、淮河以南。

园林应用：清秀高雅，千姿百态，可点缀园林，以数株植于庭园醒目之处；也可盆栽观赏。

紫竹

禾本科刚竹属

学名：*Phyllostachys nigra* (Lodd. ex Lindl.) Munro

别名：淡竹、观音竹、黑竹

形态特征：地下茎为单轴型。秆高 3 ~ 10 米，新秆绿色，以后渐变为紫黑色或棕黑色；秆环隆起，高于箨环，解箨后箨环初时有毛。秆箨绿褐色或绿红褐色。每小枝有叶 2 ~ 3 片。假花序穗状或缩为头状呈扇形。笋期 4 ~ 5 月。

习性及分布：喜光，喜温暖、湿润的环境，耐寒；喜排水性良好的砂质土壤。长江流域有栽培或野生。

园林应用：观秆竹类，竹秆紫黑色，柔和发亮。宜种植于庭园山石之间、小径、池水旁；也可栽于盆中置窗前。

知识拓展：秆壁薄而坚韧，小的可作乐器、烟杆、手杖、伞柄，大的可制作各种竹器。

花毛竹

禾本科刚竹属

学名：*Phyllostachys edulis*‘Tao kiang’
别名：江氏孟宗竹

形态特征：地下茎单轴型。秆高10～20米，节间圆筒形，着枝一侧有沟槽，竹秆与分枝黄色间有绿色纵条纹。秆箨棕色，厚革质，外被深棕色刺毛和大小不整齐的褐色斑块，边缘有纤毛。每节2分枝，一大一小，斜出平展。每小枝有叶2～4片。假花序穗状。笋于秋冬在土中生长为冬笋，清明前后出土为春笋。

习性及分布：喜温暖、湿润的环境；喜肥沃、酸性的红壤、黄红壤、黄壤。分布于秦岭、汉水流域至长江流域以南。

园林应用：秆黄色，节间有鲜艳的粗细不一的绿色条纹，非常美观。应用于公园绿地。

知识拓展：毛竹为我国分布最广、面积最大、经济价值最高的竹种。秆可作建筑、竹器、竹编、家具等用材；幼秆为造纸原料。笋味甜美，冬笋、春笋均供食用。同属植物绿槽毛竹 *Phyllostachys edulis*‘Viridisulcata’习性与用途同花毛竹。

1～3. 花毛竹
4. 绿槽毛竹

乌哺鸡竹

禾本科刚竹属

学名：*Phyllostachys vivax* McClure

别名：蚕哺鸡竹、垂叶竹

形态特征：地下茎为单轴型。秆金黄色；秆环微隆起。秆箨薄革质，无毛，有斑点和斑纹，微被白粉。每节2分枝；每小枝有2～3叶片；叶片披针形，叶面绿色，背面灰绿色；下面基部有灰白色柔毛；叶缘有细锯齿。假花序穗状。笋期4月。

习性及分布：喜光，喜温暖、湿润的环境；喜疏松、肥沃的土壤；原产于我国。

园林应用：姿态婀娜，色泽鲜艳，光彩夺目。应用于公园绿地。

知识拓展：笋可食；秆壁较薄，篾性较差，可编制篮筐，大秆可作撑篙。笋味甜，为良好笋用竹种，可大力发展。同属植物雷竹 *Phyllostachys violascens*‘Prevernalis’习性与用途同乌哺鸡竹。

1～2. 乌哺鸡竹
3～4. 雷竹

菲白竹

禾本科苦竹属

学名：*Pleioblastus fortunei* 'Variegatus'

别名：缟竹、稚子竹

形态特征：矮小竹种，地下茎复轴混生。秆高 20 ～ 80 厘米，径 1 ～ 2 毫米；节间圆筒形，秆环平；每节 1 分枝；每小枝具叶 3 ～ 7 片；叶片披针形，基部圆形，上面中部有宽 1 ～ 2 毫米白色或淡黄色条纹。

习性及分布：喜半荫，喜温暖、湿润的气候，较耐寒，忌烈日；喜疏松、肥沃、排水良好的砂质土壤。原产于日本。

园林应用：矮小丛生，株型优美，叶片绿色间有黄色至淡黄色的纵条纹，可用于地被、小型盆栽，或配置在假山、大型山水盆景间。

方竹

禾本科寒竹属

学名：*Chimonobambusa quadrangularis* (Fenzi) Makino

别名：叉口笋、四方竹

形态特征：秆直立，高3～8米，直径1～4厘米，四棱形，中空，浊绿色，秆面颇为粗糙；秆环甚隆起，箨环基部数节常有气根状刺瘤1圈；上部每节初有3分枝，以后增多。叶2～5片着生于小枝上；叶片狭披针形，长8～29厘米，宽10～27毫米。

习性及分布：喜光，喜温暖、湿润的环境；喜肥沃、湿润排水良好的土壤。分布于广西、湖南、安徽、江苏、浙江、江西、台湾。

园林应用：秆方形，枝叶青翠，为优美的观赏竹种。应用于公园绿地。

知识拓展：笋味鲜美，可食。

棕榈类

海 枣

棕榈科海枣属

学名：*Phoenix dactylifera* Linn.

别名：伊拉克枣、枣椰子

形态特征：乔木，高 10 ~ 30 米，胸径达 40 厘米；宿存的叶柄基部在茎上呈螺旋阶梯状排列。叶簇生茎顶，长达 5 米，一回羽状全裂，羽片线状披针形，长 18 ~ 40 厘米。花序排成密集的圆锥花序，佛焰苞长，大而肥厚；雄花黄白色；雌花黄绿色。果实长圆形或长圆状椭圆形，成熟时深橙黄色，果肉肥厚。花期 3 ~ 4 月。果期 9 ~ 10 月。

习性及分布：喜光，喜高温、多湿的环境，耐半荫，耐热，耐寒，耐盐碱，耐贫瘠；喜肥沃的土壤。原产于西亚和北非。

园林应用：树形优美舒展，富有热带风情。露地栽种，应用于公园作风景树。

知识拓展：其花序汁液可制糖、作饮料；叶可造纸；树干可作建筑用材。同属植物银海枣 *Phoenix sylvestris* Roxb. 习性与用途同海枣。

1

4

2

3

5

1 ~ 4. 海枣
5. 银海枣

软叶刺葵

棕榈科海枣属

学名：*Phoenix roebelenii* O' Brien
别名：江边刺葵、美丽针葵

形态特征：茎丛生，栽培时常为单生，高1～3米，直径达10厘米。叶长1～2米；羽片线形，呈2列排列，下部羽片变成细长软刺。佛焰苞长30～50厘米，仅上部裂成2瓣。果实长圆形，成熟时枣红色。花期4～5月。果期6～9月。
习性及分布：喜光，喜高温、高湿的环境，耐荫，耐旱，耐瘠薄，稍耐寒；喜肥沃、排水良好的砂质土壤。产于云南。缅甸、越南、印度亦产。
园林应用：枝叶拱垂似伞形，叶片分布均匀且青翠亮泽。是优良的盆栽观叶植物；应用于花坛、绿地。

棕榈

棕榈科棕榈属

学名：*Trachycarpus fortunei* (Hook.) H. Wendl.

别名：棕树、山棕、栟榈

形态特征：乔木，高 3 ~ 10 米。叶圆扇状，直径 50 ~ 70 厘米，掌状深裂几达基部，裂片线状剑形，革质，坚硬，顶端具短 2 裂；叶柄较细长，两侧具细圆齿；叶鞘纤维质，棕褐色，网状包茎。肉穗花序圆锥状，腋生；花黄绿色。核果肾形，成熟时蓝黑色。花期 4 月。果期 9 ~ 10 月。

习性及分布：喜温暖、湿润的气候，耐寒，耐荫，耐旱。分布于长江以南。

园林应用：树势挺拔，可作园景树，栽于庭院、路边及花坛中。

知识拓展：叶鞘纤维常被剥取作绳索，编蓑衣、地毡，制刷子等；嫩叶经漂白可制扇和草帽；未开放的花苞又称“棕鱼”，可食用；叶鞘纤维、叶柄、果实、叶、花、根等可入药。

棕竹

棕榈科棕竹属

学名：*Rhapis excelsa* (Thunb.) Henry ex Rehd.

别名：筋斗竹、小种棕竹、棕树

形态特征：丛生灌木，高 2 ～ 3 米；茎圆柱形，上部被淡黑色、稍松散粗糙而硬的网状叶鞘。叶掌状深裂成 4 ～ 10 裂片，裂片宽线形或线状椭圆形。肉穗花序长约 30 厘米，多分枝；佛焰苞 2 ～ 3 枚；雄花淡黄色。果实球状倒卵形，直径 8 ～ 10 毫米。花期 6 月。果期 9 ～ 10 月。

习性及分布：喜半荫，喜温暖、湿润的环境，忌积水，耐荫。分布于我国南部至西南部。日本也有。

园林应用：姿态秀雅，翠秆亭立，叶盖如伞，四季常青。栽植庭院或山石旁；也可盆栽观赏。

知识拓展：干直而韧，可作手杖、伞柄等用；根及叶鞘纤维可入药。

蒲葵

棕榈科蒲葵属

学名：*Livistona chinensis* (Jacq.) R.Br. ex Mart.

别名：扇叶葵、华南蒲葵、葵树

形态特征：乔木，高 5 ~ 20 米，干径 20 ~ 30 厘米。叶扇形，直径达 1 米，掌状深裂至中部，裂片顶端长渐尖，2 深裂成丝状下垂的小裂片；叶柄中部以下两侧具下弯的尖锐小刺。肉穗花序腋生；佛焰苞筒状；花小。核果椭圆形，黑褐色。花期 3 ~ 4 月。果期 8 ~ 9 月。

习性及分布：喜高温、多湿的环境，耐荫，稍耐寒；喜含腐殖质土壤或砂质土壤。分布于我国西南部至东南部。

园林应用：四季常青，树冠伞形，叶片扇形。可丛植或行植，作行道树、背景树；小树可盆栽摆设供观赏。

知识拓展：嫩叶可编制葵扇；叶鞘纤维可作填充材料及制绳索代用品；叶裂片的中脉可制牙签；从叶柄剥取的篾皮，可编成美观耐用的葵席；果实、根、叶供药用。

丝葵

棕榈科丝葵属

学名：*Washingtonia filifera* (Linden ex André) H.Wendl. ex de Bary

别名：老人葵、华盛顿棕榈

形态特征：乔木，高5～20米，干径约30～60厘米，顶端被覆下垂的枯叶。叶团扇状，掌状分裂至中部，裂片边缘及裂口处有弯曲、白色的丝状纤维。肉穗花序下垂。果实椭圆形或卵形，黑色或褐色。花期7月。果期10～11月。

习性及分布：喜光，喜温暖、湿润的环境，稍耐寒，耐旱，耐瘠薄。原产于美国西南部。

园林应用：应用于庭园观赏；也可作行道树。

知识拓展：叶裂片间具有白色纤维丝，似老翁的白发，又名“老人葵”。

短穗鱼尾葵

棕榈科鱼尾葵属

学名：*Caryota mitis* Lour.

别名：酒椰子、小鱼尾葵

形态特征：茎丛生，小乔木状；高 5 ～ 8 米，干径 8 ～ 15 厘米。叶长 3 ～ 4 米，羽状全裂，羽片楔形或斜楔形，顶端具不规则的啮蚀状齿，外侧边缘延伸成短尖头或尾尖。肉穗花序短，呈密集的穗状多分枝花序；花单性，雌雄同株。果实球形，成熟时紫红色。花期 4 ～ 6 月。果期 8 ～ 11 月。

习性及分布：喜温暖的气候，耐寒。分布于我国海南、广西。越南、缅甸、印度、马来西亚、菲律宾、印度尼西亚的爪哇也有。

园林应用：树形丰满，叶片翠绿，花色鲜黄，果实如圆珠成串。作庭园绿化植物；也可盆栽作室内装饰。

知识拓展：茎的髓心含淀粉，供食用；花序汁液含糖分，供制糖或酿酒。同属植物鱼尾葵 *Caryota maxima* Blume ex Mart. 习性与用途同短穗鱼尾葵。

1 ～ 4. 短穗鱼尾葵
5. 鱼尾葵

散尾葵

棕榈科金果椰属

学名：*Dypsis lutescens* (H. Wendl.) Beentje et Dransf.

别名：黄椰子

形态特征：丛生灌木，高2～5米；茎干粗，有环状叶痕。叶羽状全裂，40～60对，平展狭长披针形，2列排列；叶柄及叶轴光滑，黄绿色，腹面具沟槽。肉穗花序生于叶鞘之下，多分枝；佛焰苞舟状；花小，黄白色。核果略为陀螺形或倒卵形。花期5月。果期翌年8～9月。

习性及分布：喜半荫，喜温暖、湿润的环境，不耐寒。原产于马达加斯加。

园林应用：栽种于草地、庭院旁，也可盆栽布置于室内。

金山葵

棕榈科女王椰子属

学名：*Syagrus romanzoffiana* (Cham.) Glassm.

别名：皇后葵、皇后椰子

形态特征：乔木，高 8 ~ 10 米或更高，干径 20 ~ 30 厘米，具环状叶痕。叶羽状全裂，长 4 ~ 5 米，下弯，羽片多数，线状披针形。肉穗花序生于叶腋，长达 1 米多，分枝多而纤细；佛焰苞木质，狭长舟状。核果近球形或倒卵球形，长约 3 厘米，黄色。花期 6 ~ 7 月。果期 11 月至翌年 3 月。

习性及分布：喜光，喜温暖、潮湿的环境；喜疏松、排水良好的土壤。原产于巴西。

园林应用：树形蓬松，雄壮直立。作行道树、园景树，可单株种植于门前两侧，或不规则种植于水滨、草坪外围。

知识拓展：金山葵花是良好的蜜源。

袖珍椰子

棕榈科竹节椰属

学名：*Chamaedorea elegans* Mart.

别名：矮生椰子、矮棕、秀丽竹节椰

形态特征：多年生常绿小乔木，株高可达 5 米；茎干细长直立，通常不分枝；叶互生，集生于茎干先端，单数羽状全裂，长 30 ～ 40 厘米，裂片披针形，20 ～ 40 枚，深绿色，革质。肉穗花序多分枝，呈圆锥花序状；雌雄同株；花黄色。果实近圆形，成熟时蓝黑色。

习性及分布：喜半荫，喜温暖、湿润的环境；喜肥沃、排水良好的土壤，不耐寒。原产于墨西哥。

园林应用：株形优美，姿态秀雅，叶色浓绿光亮。是优良的盆栽观叶植物。

夏威夷椰子

棕榈科金棕属

学名：*Pritchardia martii* (Gaudich.) H.Wendl.

别名：竹茎袖珍椰、雪佛里椰子

形态特征：丛生型，高 3 米，茎干直径达 2 厘米。叶一回羽状分裂，长可达 1 米，羽片数可达 40，长 35 厘米，羽片沿叶轴两侧整齐排列成 2 列。花序轴在果期时为橙红色。果球形，直径 1 厘米，黑色。

习性及分布：喜光，喜温暖的环境，不耐寒；对土壤适应性强。分布于中南美洲热带地区。

园林应用：枝叶茂密，叶色浓绿。盆栽，布置于客厅、书房、会议室、办公室等处。

假槟榔

棕榈科假槟榔属

学名：*Archontophoenix alexandrae* (F. Muell.) H. Wendl. et Drude

别名：亚历山大椰子

形态特征：乔木；高可达 10 ～ 25 米，树干挺直，光滑，有明显的环状叶痕，基部略膨大。叶生于茎顶，羽状全裂，长 2 ～ 3 米，羽片呈 2 列排列，线状披针形；叶轴和叶柄厚而宽。肉穗花序下垂，长 30 ～ 40 厘米；花雌雄同株，白色。核果卵状球形，成熟时红色。花期 4 月。果期 4 ～ 7 月。

习性及分布：喜光，喜高温、多湿的气候，稍耐寒；喜富含腐殖质的微酸性土壤。原产于澳大利亚东部。

园林应用：树形优美，用作行道树或栽植于建筑物旁、水滨、庭院、草坪四周，单株、小丛或成行种植。

王棕

棕榈科大王椰子属

学名：*Roystonea regia* (Kunth) O. F. Cook

别名：大王椰子、王椰

形态特征：高10～20米，干直立，幼时基部明显膨大，老时近中部呈不规则膨大。叶聚生于茎顶，羽状全裂，长约3～4米，尾部常呈弓形并下垂，叶轴每侧的羽片多达250片，线状披针形。肉穗花序分枝多而较短，雌雄同株。核果近球形至倒卵形，成熟时红褐色至淡紫色。花期3～4月。果期10月。

习性及分布：喜光，喜温暖的环境，稍耐寒；喜富含有机质的冲积土或黏性土壤。原产于古巴，现广植于各热带地区。

园林应用：树形优美，树干挺拔高大，中部膨大呈纺锤形，具热带风光。用作行道树和园景树。

知识拓展：果实含油，可作猪饲料。

中文名索引

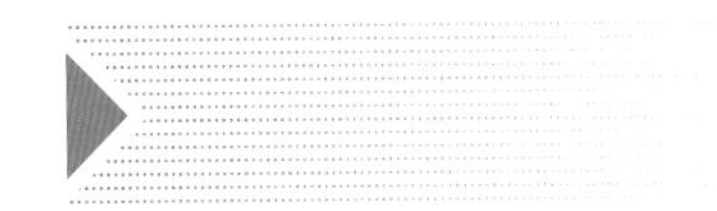

注：种名后加 *，表示该种已被应用于三明市园林绿化。

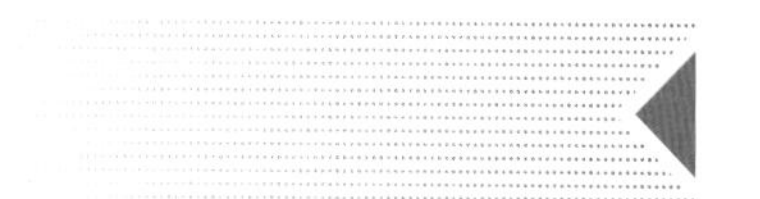

拉丁名索引

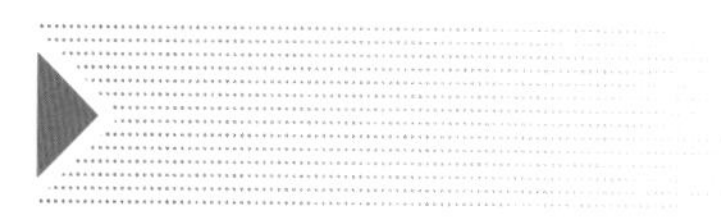

M

N

O

P

Q

R

S

附录Ⅰ 植物的分类和命名

一、分类方法

植物的分类方法有多种，就其实质，可以分为两种：人为分类法和自然分类法。

（一）人为分类法

人们为了方便，以植物某一个或几个特征，或经济的、生态的特性等作为分类依据对植物进行分类的方法。

1．按形态特征分类

（1）乔木：树身高大的树木，由根部发生独立的主干，树干和树冠有明显区分。通常 6 米至数十米。乔木按冬季或旱季落叶与否又分为落叶乔木和常绿乔木。如木棉、松树、玉兰等。

（2）灌木：没有明显的主干、呈丛生状态的树木，一般可分为观花、观果、观枝干等几类。常见灌木有玫瑰、杜鹃、女贞、黄杨、连翘、迎春、月季等。

（3）藤本：茎细长，缠绕或攀援它物上升的植物。茎较粗大木质化的称木质藤本，如葛、木通等；茎长而细小草质的称为草质藤本，如葎草、栝楼、丝瓜等。

（4）草本：茎草质或肉质，木质化程度低的植物。根据生长期的长短可分为一年生、二年生，以及多年生草本。

2．按园林用途分类

按园林用途的不同，又可分为行道树、绿荫树、花灌木、绿篱植物、垂直绿化植物、地被及草坪植物、片林等。

（二）自然分类法

以植物进化过程中亲缘关系的远近作为分类标准的分类方法。所有植物按界、门、纲、目、科、属、种，7 个级别划分，各级之间还可以根据实际需要，再划分为更细的单位，如亚门、亚纲、亚目、亚科、亚属、组、变种、变型等。

二、植物的命名

一般用双名法来给植物命名。第一个词是属名，多数是名词，第一个字母要大写；第二个词是种加词，多数为形容词，以描述该种的主要特征，或该种植物的原产地等，第一个字母小写。一个完整的学名还要在种加词之后附以命名人的姓名。例如银杏的学名是 *Ginkgo biloba* L.，其中 *Ginkgo* 是属名，*biloba* 是种加词，L. 是定名人林奈姓氏的缩写。如果是变种，则在种加词后加 var. 及变种加词以及变种的定名人；如果是变型，则在种加词后加 f. 及变型加词以及变型的定名人。

附录Ⅱ 叶的形态术语

1. 叶形

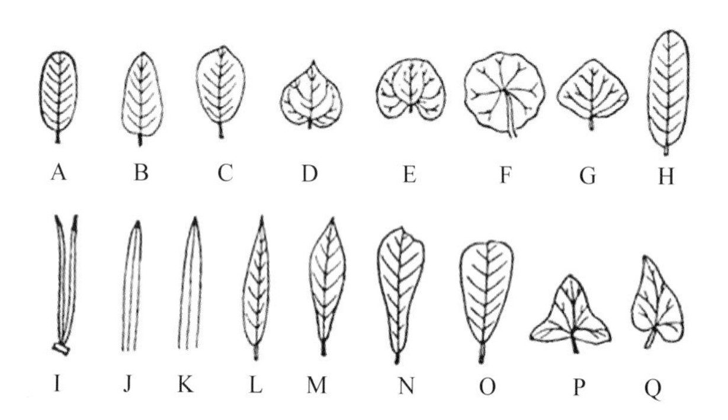

A. 椭圆形 B. 卵形 C. 倒卵形 D. 心形 E. 肾形 F. 圆形（盾形） G. 菱形 H. 长椭圆形 I. 针形 J. 线形 K. 剑形 L. 披针形 M. 倒披针形 N. 匙形 O. 楔形 P. 三角形 Q. 斜形

2. 复叶的类型

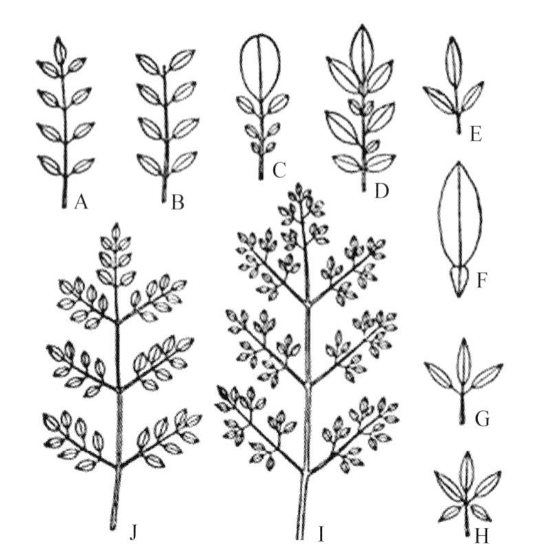

A. 奇数羽状复叶 B. 偶数羽状复叶 C. 大头羽状复叶 D. 参差羽状复叶 E. 三出羽状复叶 F. 单身复叶 G. 三出掌状复叶 H. 掌状复叶 I. 三回羽状复叶 J. 二回羽状复叶

3. 叶序

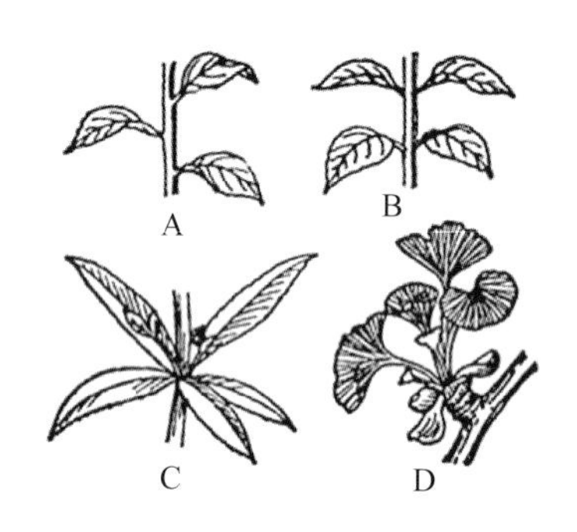

A. 互生叶序 B. 对生叶序 C. 轮生叶序 D. 簇生叶序

4. 叶的变态

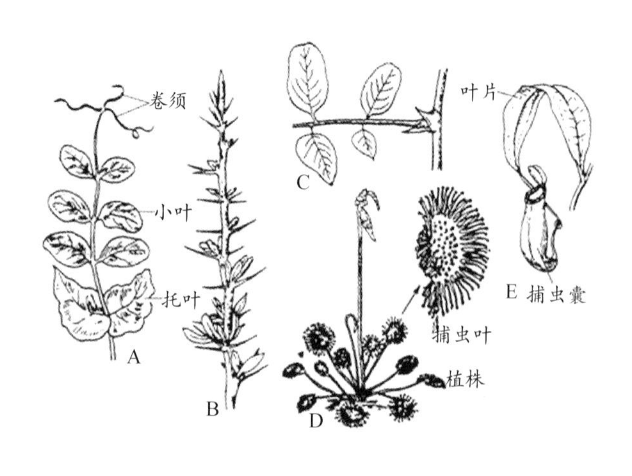

A. 豌豆的叶卷须 B. 小檗的叶刺 C. 刺槐的托叶刺 D. 茅膏菜的植株及捕虫叶 E. 猪笼草的捕虫囊（叶柄的变态）

附录Ⅲ 花的形态术语

1. 花冠的形状

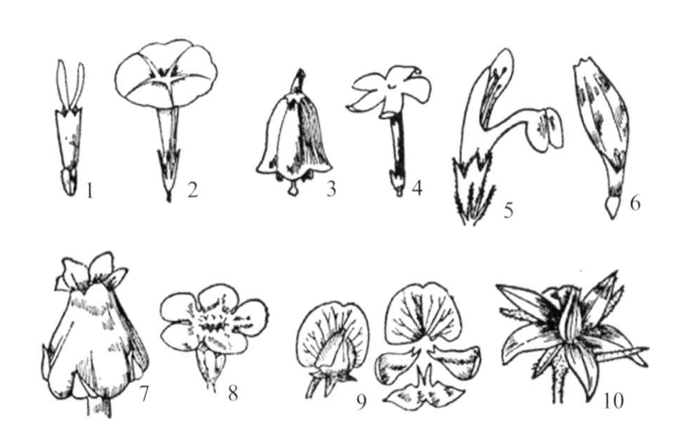

1. 筒状 2. 漏斗状 3. 钟状 4. 高脚碟状 5. 唇形 6. 舌状 7. 坛状 8. 辐射状 9. 蝶形 10. 轮状

2. 常见花序类型

总状花序：花互生于不分枝的花轴上，各小花的花柄几乎等长，如紫藤、刺槐等。

穗状花序：花的排列与总状花序相似，但小花无柄或近于无柄，如车前、马鞭草等。穗状花序的轴如果膨大，则称肉穗花序，如玉米。

柔荑花序：与穗状花序相似，但花为单性花，花轴柔软下垂，如杨、栎、枫杨等。也有不下垂的，如柳。

伞形花序：小花从花轴顶端生出，每朵小花柄近乎等长，花的排列如伞形，如五加、樱草等。

伞房花序：与总状花序相似，但小花的花柄不等长，下部的较长，上部的渐短，如苹果、梨等。有些花柄较挺立，使花序顶端形成一个平面，如石楠。

佛焰花序：与穗状花序相似，但花轴肥厚肉质，花序基部常有一大型佛焰状总苞，如天南星科及棕榈科植物。

隐头花序：花轴膨大，顶端向轴内凹陷呈密闭杯状，仅有小口与外面相通，小花着生于凹陷的杯状花轴内。隐头花序为桑科榕属所特有，如无花果、榕树等。

头状花序：花轴顶端膨大如盘状，小花无柄，着生于盘状的花轴上，花序基部有总苞，如向日葵、蒲公英等。为菊科植物所特有。

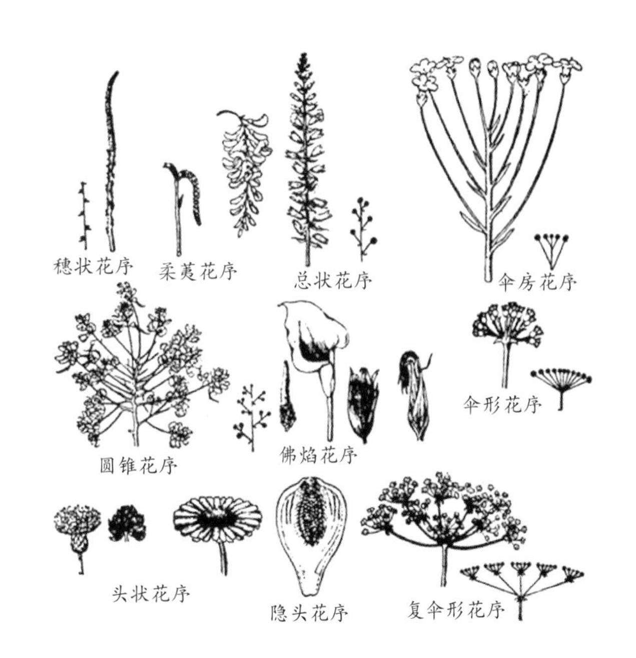

附录Ⅳ 果实的形态术语

（一）肉果

果皮肉质，往往肥厚多汁。肉果又可按果皮来源和性质不同而分为以下几类。

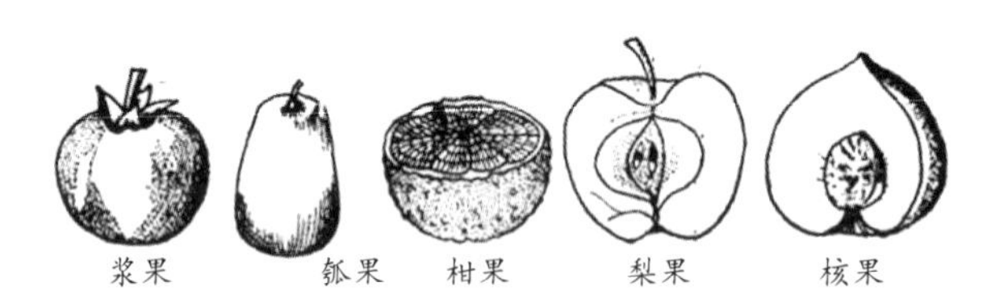

浆果：外果皮薄，中果皮及内果皮肥厚，肉质多汁，含有一至多数种子，如葡萄、番茄、枸杞、辣椒等。

瓠果：由合生心皮的下位子房构成，果皮外层较坚厚，由花托与外果皮组成；中果皮与内果皮肉质，有发达的肉质胎座，如南瓜、黄瓜、冬瓜等。为葫芦科植物所特有。

柑果：由合生心皮的上位子房构成，外果皮革质，有油囊；中果皮疏松纤维状；内果皮向内突入成为多汁小囊。如柑橘、柚、柠檬等，为芸香科柑橘类植物所特有。

梨果：由合生心皮的下位子房构成，梨果的花托与萼筒发育为肥厚的果肉，果皮与花托愈合成为纸质或革质的果心，如梨、苹果、山楂、枇杷等。

核果：外果皮薄，中果皮厚而肉质，内果皮坚硬形成果核，由石细胞组成，这种果核对种子有良好的保护作用。如桃、核桃、橄榄、楝树等。

（二）干果

果实成熟时果皮干燥，其中有些成熟时开裂的称裂果；不开裂的称闭果。

1. 裂果类

蓇葖果：由单心皮或离生心皮发育而成的果实，成熟后只由一面开裂。如八角茴香、木兰、白玉兰等。

荚果：单心皮雌蕊的子房发育而成的果实，成熟后，果皮沿背缝线和腹缝线两面开裂，如豆类植物。

蒴果：由两心皮以上的复雌蕊的子房发育而成，由于心皮连合的方式不同，成熟时有多种开裂方式，如油茶、乌桕、牵牛、杜鹃、马齿苋、桉树等。

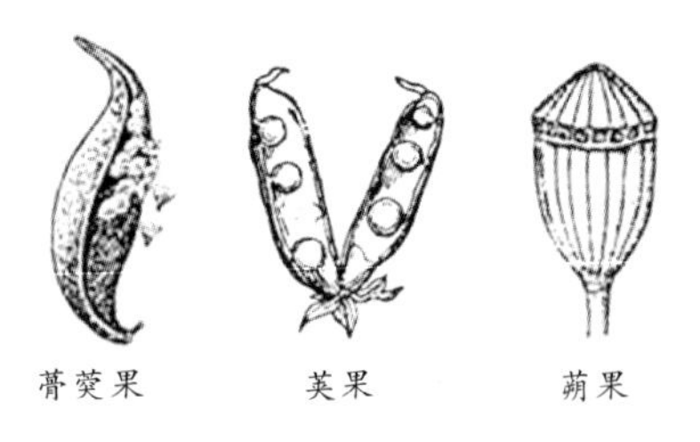

2. 闭果类

坚果：外果皮坚硬木质，果实外常由总苞包被。如板栗、榛等果实。

瘦果：果实成熟时只含一粒种子，果皮与种皮可以分离，如向日葵、蒲公英、喜树等。

翅果：果皮延展成翅状，如榆、槭、臭椿等植物的果实。

颖果：果皮与种皮愈合不能分离。是毛竹、水稻、小麦、玉米等禾本科植物的特有果实类型。

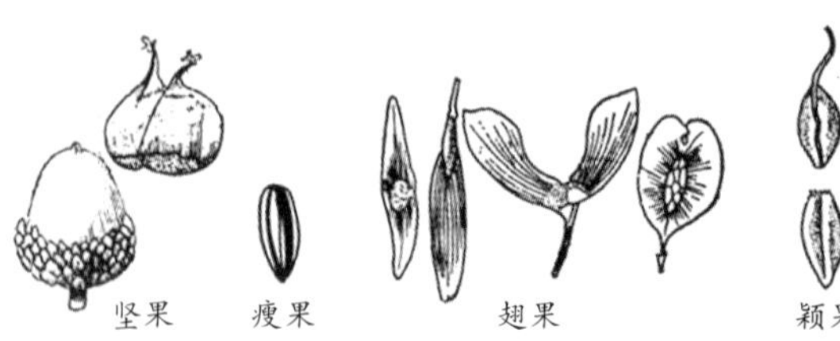